裙子考
西方五百年女装图鉴
[英] 莉迪亚·爱德华兹（Lydia Edwards）著
纪望月 译
从华丽奢靡的宫廷礼服
到张扬个性的现代女装
五百年时间跨度
近两百件欧美流行女装
一部西方时尚史
长江出版传媒
湖北美术出版社

图书在版编目（CIP）数据

裙子考：西方五百年女装图鉴 /（英）莉迪亚·爱德华兹著；纪望月译. — 武汉：湖北美术出版社，2023.2
（盖博瓦丛书）
ISBN 978-7-5712-0444-0

Ⅰ. ①裙… Ⅱ. ①莉… ②纪… Ⅲ. ①女服－研究－西方国家 Ⅳ. ① TS941.743

中国版本图书馆 CIP 数据核字 (2020) 第 161975 号

裙子考：西方五百年女装图鉴
QUNZI KAO: XIFANG WUBAI NIAN NÜZHUANG TUJIAN

出版人：陈辉平
策划 / 责任编辑：彭福希、杨蓓
责任校对：杨晓丹
书籍设计：张岩
技术编辑：李国新

出版发行：长江出版传媒 湖北美术出版社
地　　址：武汉市洪山区雄楚大道 268 号
电　　话：（027）87679972（编辑部）　87679525（发行部）
邮政编码：430070
印　　刷：武汉精一佳印刷有限公司
开　　本：787mm × 1092mm　1/16
印　　张：13.5
字　　数：200 千字
版　　次：2023 年 2 月第 1 版
印　　次：2023 年 2 月第 1 次印刷
定　　价：138.00 元

裙子考

西方五百年女装图鉴

[英] 莉迪亚·爱德华兹（Lydia Edwards）著
纪望月 译

长江出版传媒 | 湖北美术出版社

献给我的丈夫亚伦

以及我们生活中的小波澜

目录

致谢

在本书的写作过程中，我得到了许多人的帮助，我对他们怀有衷心的感激和谢意。首先，我要感谢我的编辑安娜·赖特（Anna Wright），她的专业意见、支持和忠告对我来说都是无价之宝。我还要谢谢弗朗西斯·阿诺德（Frances Arnold），她在我创作本书的最后几个月里给予我非常有益的反馈，让我深受鼓舞。还要感谢助理编辑阿丽雅德妮·戈德温（Ariadne Godwin）为我全程提供的指引和信息。

一些博物馆和社会团体的工作人员花费大量时间，为我提供了专业知识和精美的藏品图片。要特别感谢来自希彭斯堡大学时尚博物与档案馆的卡琳·博列克（Karin Bohleke），她给予了我详细指导、建议、反馈和友谊。玛丽·韦斯特（Mary West）及斯万吉德福德历史学会团队为本书耗费了大量时间和精力，并允许我使用其部分稀有而精美的服装。来自悉尼动力博物馆的格里尼斯·琼斯（Glynis Jones）为我提供了丰富的专业知识，以及直接接触其馆藏的各式服装的机会。也要感谢来自洛杉矶艺术博物馆的凯耶·斯皮尔克（Kaye Spilker），以及魁北克麦考德博物馆的全体工作人员。

感谢我的丈夫亚伦·罗伯翰（Aaron Robotham），他一直为我的写作提出建议，给予我支持，并提供了美丽的摄影作品——它们成为本书重要的组成部分。感谢我的父母克里斯（Chris）和茱莉亚（Julia），还有我亲爱的朋友：路易斯·休斯（Louise Hughes）、安娜·赫帕芙（Anna Hueppauff）、丽兹·曼纳林（Liz Mannering）、妮娜·列维（Nina Levy）、苏珊·阿什（Susan Ash）和艾丽丝·阿什（Alice Ash）。

最后，感谢索利斯（Tsoulis）、赫帕芙（Hueppauff）、列维（Levy）和卡斯廷（Kästing）等家族，允许我使用他们珍贵的家族照片。

前言

裙装的进化史并非人们通常想象的那样记载完备、轻松易知。相关书籍和文章往往聚焦在较为狭窄的研究领域，如某一特定时代或某一特定风格的裙装等，也有一些会从更为宏观的社会政治情况出发，分析裙装为适应时代需求，是如何进行改良的。世界各地的博物馆馆藏为许多研究人员和服装爱好者提供着异常珍贵的第一手材料，但大多数想要接触这些材料的人，都难免遭遇各种限制，其中最主要的限制包括空间、资源、资金——具体来说，就是博物馆（由于被借出或文物保存的要求）无法同时将大量服装取出保存柜。参观者因此可能无法看到依照年代连续排列的服装风格，以及基本衣型和细节的变化，进而无法全面地认识服装的演变进程。这便是本书创作的直接动因：让读者在西方世界女性服装的时尚潮流中尽情徜徉——从1550年到1970年，以十几到几十年为一个跨度探索一番。现存的（或者说幸存的）1550年之前的服装少之又少，因此我将这一年作为本书研究的起点，不过目前的确有很多出版物详细地讨论了1550年以前的服装。像尼雅・米哈伊拉（Ninya Mikhaila）和简・马尔科姆-戴维斯（Jane Malcolm-Davies）的《都铎王朝的裁缝》（*The Tudor Tailor*）以专业的知识重构了早期服装，并为本书第一章都铎时代的裙装提供了历史背景知识。珍妮特・阿诺德（Janet Arnold）备受赞誉的《时尚典范》（*Patterns of Fashion*）系列的第一部《男女服装的剪裁及构造，约1560至1620年》（*The Cut and Construction of Clothes for Men and Women, c.1560-1620*），研究范围覆盖了十六世纪，对现存古董服装进行了考察，值得进一步研读。

艺术作品和世界顶尖（和一些稍逊）的博物馆的藏品，能够教会读者如何解读服装的细节，预见裙装的发展，从而练就一双慧眼，增添欣赏的乐趣。书中部分例子在无完整实物样例的情况下，使用了绘画作品而非实物照片供读者参考。这种情况在本书讨论十六世纪及十七世纪早期服装时为数不少，因为当时的服装如今大多只留存下小部分残片。用绘画作品作为可靠的历史依据可能会带来一些问题，读者应该知道这样做有弊亦有利。人物肖像画并不可靠，从接下来的例子可见一斑。首先，我们可以考察一下彼得・莱利（Peter Lely）的作品《朴次茅斯女公爵路易丝・德・克罗亚勒》（约1671—1674年），女公爵穿的是后来被人们称为“时尚便服”（fashionable undress）的轻薄家居服，社会上层的女性因这种服装代表了一种闲

彼得・莱利
《朴次茅斯女公爵路易丝・德・克罗亚勒》
约 1671—1674 年
布面油画，49.25 英寸 ×40 英寸（1 英寸约合 2.54 厘米）
洛杉矶保罗・盖蒂博物馆

约瑟夫・布莱克本
《约翰・皮哥特夫人》
约 1750 年
洛杉矶艺术博物馆

适的生活，而钟爱在画肖像画时穿它。画中服装的衣料由别针固定塑形，虽然发型和其他装饰特征有助于我们推断画中人物所处的大致时代，但“便服”其实一直到十八世纪都保持着类似的样式。同一页另外一幅画中的约翰・皮哥特夫人（Mrs. John Pigott）的裙装，看起来像是一件较贴身的正装礼服，但其宽大的袒胸低领（décolletage）和简易的袖子表明它仍是“便服”。

阅读本书，读者可以学会一项探索时尚史的技能，即辨认出几个世纪以来为适应社会中下层甚至劳动阶层女性需求而被改造的时尚细节。各章节的裙装样例，精选自澳大利亚、英国、加拿大、美国、意大利和捷克的博物馆，能够勾勒出涵盖欧洲、美洲、大洋洲在内的广义西方时尚版图，为读者提供清晰集中的时尚概览。书中部分裙装、套装，也就是那些澳大利亚小型机构的收藏，比如西澳大利亚州斯万吉德福德历史学会和新南威尔士州曼宁谷历史学会的，是第一次登上出版物。这些藏品的重要性在于，它们展示了欧洲时尚在殖民地被接受和改造的过程。从宏观角度而言，我们不应该从单一的欧洲视角来审视时尚的发展史，而应将其他对时尚产生巨大影响的国家也纳入考察范围。本书尽可能参考第一手资料，以突出某些风格的流行和其他风格的独特性。这些资料主要来源于当时的报纸、书籍和戏剧评论等。

鞋、帽、包、扇子，以及其他配饰的流行趋势会随裙装（特别是当这些配饰是服装整体风格的重要组成部分时）一同进行分析。然而，既然本书书名是《裙子考》，内容重点还是裙装——不同历史时期女性穿着的包裹全身的一类衣物。本书将主要考察裙装上身和裙摆的裁剪，以及整体审美、服装装饰和创新发明等方面的关键性变化。虽然本书在主题框架内尽可能地使论述具有代表性，但并不企图面面俱到，主要希望展现裙装结构和装饰的时代变迁。随着时尚的多元化，裙装不再是女性唯一的选择，如今甚至算不上最具代表性的服装。因此，书中偶尔也会稍微提及能够反映那段历史时期服装发展主线的单件大衣（coat）和套装。正如 1936 年服装设计师伊尔莎・斯奇培尔莉（Elsa Schiaparelli）所言：“我基本一直在穿套装。我喜欢套装，非常实用。我要给那些希望自己每时每刻都穿得潇洒，但收入有限的职场女孩一个建议：买一套漂亮的套装，然后靠它过活吧。”[1]

本书最后几章也会展示上层阶级以外群体的服装。尽管现存实物不多，但是从一些画作和文字记载里，我们还是看到了劳动阶层女性在服装上追赶着时尚潮流，哪怕只有一点点也好；我们也能看到稍微富裕一些的人会做一件“好”裙装，尽可能地模仿从时装插画和有钱人身上见到的款式。当然，如今留存下来的服装大多还是富裕阶层的，它们是最具代表性的时尚样本，也是我们主要的研究和品评对象。

本书二十世纪以前的例子大都来源于富裕阶层。

之所以以 1970 年作为本书研究的结束时间，是因为裙装在此后的女性时尚潮流中不再是衣着的首选，而只是众多选项之一。有“选择”的空间至关重要——正如历史学家贝蒂・路德・希尔曼（Betty Luther Hillman）所说：“自由并不在于女性具体决定穿哪件衣服，而在于她们知道自己有选择的空间。”[2]

在 1970 年代，女性的标准服装仍是裙装和半身裙，但长裤和短裤已经为人们所接受，还成为一种时髦，女性与裙装的关系也因此从某种程度而言更富变化了。此外，二十世纪六七十年代，男女皆可穿的服装也有了明显的发展。莎莎・嘉宝（Zsa Zsa Gabor）在 1970 年这样写道：“当今是女性能够根据自己的个性选择着装的最佳时代……年轻人觉得很多成年人对中性（unisex）服装的反应太过大惊小怪……他们说，你根本分不清那些男的和女的有什么区别。我要说的是：没关系，那些年轻人自己分得清。”[3]

当然了，想在一本书里涵盖时尚潮流演进这样一个复杂多元课题的方方面面是不现实的。本书主要关注 1550 至 1970 年间女性服装最关键、最具辨识度的风格特征，并向读者提供辨别这些风格特征的方法。这将有助于读者在参观服装展和欣赏历史题材的影视作品、舞台剧时获得更多乐趣和更为深入的理解。我也希望这本书能成为艺术史、时尚史、时尚与戏服设计等专业学生便捷的参考指南，能作为服装历史定年与分析的入门通道，能对艺术和人文学科的跨学科研究有所帮助。

引言

裙装产生的目的就是让女性美丽动人。

——于贝尔·德·纪梵希（Hubert de Givenchy），1952年3月1日

时尚史是当今西方社会文化版图上的重要组成部分。服装不但是一个人性别、年龄、阶层、职业、信仰的主要标志，还微妙地反映出审美偏好、政治立场和婚姻状况等个人信息。时尚，尤其是女性服装，从最古老的文明出现以来便对社会和文化有着重要的影响，以各种形式引发激情、迷恋、嘲笑、鄙视、丑闻和向往。服装能够改变人的认知和观念，掩饰和重塑、增强或减弱穿着者对自身的感受——无论好坏。我们对于衣装的痴迷自有史以来便一直存在。早在公元前一世纪，诗人奥维德（Ovid）就曾写道："我们为漂亮的衣服神魂颠倒，金银首饰掩盖了一切。女性自身却成了构成女性最微不足道的一部分。"

在二十一世纪，和以往一样，时尚极具话题性。历史上的流行元素也一如既往地激发着新的灵感。"有点破，有点旧，快往衣帽间里瞅……那些过时的，又重归时尚。"保罗·麦卡特尼（Paul McCartney）专辑《传奇再临》（*Memory Almost Full*, 2007）中《古董衫》（*Vintage Clothes*）这首歌歌词的关键句这样唱道，表明了现代服装设计师一次又一次回到过去寻求灵感的事实。整个二十世纪及进入二十一世纪以来，人们对于再现历史时尚一直保持着浓厚的兴趣。历史题材的影视作品盛行便证明了当前人们对古典怀旧的狂热和对"黄金时代"永无止境的回忆。这种现象最常出现在新世纪之初。此外，近些年世界各地的时尚博物馆游客人数也有大幅增长。尽管如此，人们对于服饰风格如何随着时间的推移而改变仍缺乏认识，也很难在服装造型产生细微变化时有所觉察。即使是最微小的剪裁改动或边饰调整，也能显示出穿戴者面对所处社会与文化氛围的新反应，以及二者之间的新联结。能够体察到这些细节，将有助于我们更好地了解社会、政治、经济和艺术领域的主要变化和趋势。

值得注意的是，目前所谓的复古风格其实并不代表任何特定时期的服装，这个词在使用的广泛性和严谨性上存在严重的问题。例如，在现代婚纱时尚中，“复古”可能仅仅意味着一段蕾丝，或是素缎腰带（satin belt）中央的一枚亮晶晶的仿古胸针。追求“复古风格”的新娘可能只是多戴了一件蕾丝覆面，或是礼服上有一对蕾丝袖子。人们倾向于将复古风格与二十世纪三十、四十、五十和六十年代的流行趋势联系到一起，将这些不同时期的时尚元素全部混成一团，虽然反映出时尚风潮不停循环的本质，但也意味着想要欣赏到真正的传统服装的人会因此感到困扰，接收到错误信息。要想分清并了解如今再现的时尚元素，就必须掌握确定服装年代和识别不同时尚元素的能力。希望本书能消除困惑，减少乱贴复古标签的现象，为读者提供一种用于读懂当代和历史服装时尚的简明标准。

世界各地出色的博物馆及美术馆的藏品为我们探索和理解古典裙装提供了绝佳途径。但是古董服装难免会遭到改动和为保存而做的加工，所以本书也着重介绍了几个经过现代修复的例子。尽管修复极为得当，但我们还是得指出这些例子并非完全是原貌。一些博物馆会提供藏品的大致出处，但有些信息仍存在争议。这种情况经常出现在因资金匮乏而无法对藏品进行深入研究的小型收藏和历史学会。本书就有两个来自澳大利亚的规模虽小却极其重要的历史学会的例子，只能讨论其大概的背景与最有可能出现的年代。

时尚造型中各种元素此消彼长，构成了过去一千年里女性服装种种迷人而又令人感到熟悉的风格。我们今天所熟知的“裙子”，通常指上下一体的单件式衣物或上衣下裙的组合。这种服装首次出现在金雀花王朝初期，其不分叉（覆盖腿的部分不分成两管）的基础样式一直沿用至今。然而，裙装总是随社会和人们心态的变化而不断变化。在各个历史阶段，裙装上身有过平胸的、收腰的、刻意宽松而中性的、向上只覆盖到胸部的、从颈部包裹至臀部的等各种款式。束腰胸衣（corset）在不同时期要么不可或缺，要么被弃之不用，各式各样的衬裙或类似功能的配件却几乎总是“在场”——从十六世纪的带骨裙撑（farthingale，此后的四百年里，不断以不同形式在不同时代重现），到1930年代的紧身绸缎薄裙。可以看到，尽管“裙子”的概念以连衣裙（dress）、罩裙（gown）、长袍（robe）、曼图亚（mantua）等多种形式一直延续，但几个世纪以来，人们出于风格设计或实际需要对裙装进行创新，形成了一系列极富活力、精彩亮眼的轮廓。

把裙装当作独立的主题来研究绝非易事。因为随着社会进步，以及西方阶级划分日趋固定，富有的女性一天更换多套裙装成为常事。例如，十九世纪中叶，富裕阶级的女性（以及越来越多的中产阶级女性）会穿晨礼服、准礼服、茶歇裙、晚礼服、舞会礼服，还有出席宴客场合、舞会等特殊活动的专门服装；用于日间或非正式晚间场合的半正装（half dress）；参加特定户外活动（最受欢迎的是十八世纪以来一直流行的骑马）的散步裙（promenade dress）或外出的裙装；还有旅行时穿的裙装；这些服装大部分又可以用作丧服和孕妇装，十九世纪多数女性都会穿到。本书将为读者展示的各式裙装大都符合当时的时尚潮流，当然也会对出现的诸多变化形态进行说明和讨论。例如，晨服、准礼服在用料或边饰上会有微小的区别，需要进一步分析才能说清楚。

虽然如今服装的性别界限与五十年前相比更为模糊，人们却始终把裙装看作极具女性特质的服装。随着女性日常服装（其中当然也包括裤子）的多样化，裙装现在被存进衣柜，只在特殊场合穿着。对于很多人来说，裙装就是“最上乘”、“最时髦”服装的代表，或是外出时的工作装，而非周末在家时的穿着。时至今日，多数新娘还是希望穿裙装结婚。只有在第二次世界大战那段实用至上的时期，定制套装才成为新娘的常见选择，而二战之后再穿套装结婚便是特意而为了，右边这张 1960 年代拍摄于伦敦的婚礼照片就是一个例子。

历史上各个时期都曾出现过男性穿不分叉服装的情况。在十九世纪，小男孩一般都穿裙装，长大一点会穿短束腰外衣（tunic），六七岁时才会开始“穿裤子”（breeched）。男性裙装有苏格兰短裙（Scottish kilt，如今在特殊场合及庆典时苏格兰男性还会穿它，它也是常见的新郎礼服）、中世纪裙铠（tonlet，一种金属裙，在步战中作为盔甲的一部分，用于防护，模仿的是当时裙装中的束腰外衣）。古希腊罗马时代，男女都穿款式极为相似的不分叉袍服，又称托加宽外袍（toga）、希玛纯大长袍（himation），或贴身长袍（chiton）。此后数百年，裙装——有时也被称为罩裙或长袍——成为西方世界女性独有的服装，女性也欢迎或者说接受了这一事实。1930 年代，评论家昆汀·贝尔（Quentin Bell）写道：“西方女性为争取两足动物地位的漫长抗争始于十九世纪。”本书也会记录理性裙装（rational dress）在十九世纪及二十世纪的兴起及影响，以及相伴而生的由奥斯卡·王尔德和其他波希米亚主义者所宣扬的唯美裙装（aesthetic dress）运动。

套装式结婚礼服
1961，英格兰
作者收藏

研究和欣赏历史服装，应注意穿某些特定服装对躯体造成的实际影响。人们穿衣之后，身体如何动作，衣服如何整理，可以透露出不同时代的礼仪标准，以及对不同性别、阶级的态度。例如十七世纪中期肖像画中精英阶层女性姿势的设计——裸露的小臂向内弯曲，手肘外支、微微离开身体，一只手搭在另一只手的手腕处，就不仅仅是出于审美的考量。事实上，十七世纪初才终于允许女性露出手臂，这对当时的肖像画的人物姿势产生了巨大影响：对于被束缚在僵硬的裙装上衣中的女性来说，将手臂支起，微离躯干的姿势非常舒适。1840 年代初的图像中，裙装整体及其窄肩设计（袖子有时还远低于肩线）迫使手臂必须贴近身体放置；而 1900—1905 年间，袖子则缝在“自然高度的”袖窿上，即肩膀和胳膊相交处稍往上一点的位置，使得穿着者的姿态从某些方面来说更为自然了。下层阶级需要便于活动且穿着过程省时省力的衣服，而她们基本不会出现在肖像画中，除非是极为受宠的仆人。总的来说，上层阶级一直是时尚标准和“正确”的外观样式的定义者，中低阶层则在力所能及的范围内尽可能模仿她们。

在了解历史、解构过去的过程中，裙装研究是极为重要的一个途径。在本书中，这些研究还能揭示两性关系和社会对女性的态度，以及更重要的，阐明女性如何自我认知，如何向世界展示自己的身体。长久以来，服装都被看作是女性的主要兴趣和关注所在，因此历史学家有责任充分理解这种兴趣中的美学观念和功能，并描绘出裙装的发展脉络；以及女性是如何在一个几乎男权至上的世界里，利用时尚来表达、掩饰、反叛、抗议，以及塑造自我的。

第一章

1550—1600

如今，已经很难见到十六世纪的裙装了，因为几乎没有完整保存下来的，那时即使是富人也常常需要将旧衣服改制成新衣服（或者作为新衣服的一部分），也缺乏女性劳工和下层阶级服装的完整实物史料。因此，我们对这一时期服饰的了解来自大量的肖像画及其他艺术作品（主要是欧洲的）。

十六世纪欧洲女性服装是层叠式的，如此设计的一个原因是当时天气寒冷。有研究表明：十六世纪末的平均气温要比二十世纪和二十一世纪低上两度左右。[1] 另一个原因是，当时要求无论男女时刻都要衣冠楚楚。多层衣料的设计既满足了实际需要，又符合礼仪修养。这个时代礼服的另一个变化就是一改中世纪蓬松褶皱的风格，利落贴身的设计开始出现了，虽然还是需要耗费大量的布料，但也注重起塑造形体，突出人体曲线。

1550 年代以来，中上层女性的日常服装主要由罩衫（smock）、束胸衣（stays）、打底裙（kirtle，后来变成衬裙，通常与上衣相连）、罩裙、带骨裙撑、前裙（forepart）、袖子、拉夫领（ruff），以及紧身小衫（partlet）等部分组成，本章将对它们一一进行介绍。当时，女性的罩衫下没有衬裤（drawer）或其他形式的内衣，多层的设计可以确保穿着者不会走光。罩裙是裙装的主体，能够体现这一时期各国裙装的主要风格特征。罩裙可以是宽松的，也可以是贴身的。法国、英格兰、西班牙的裙装上衣保持了锥状 V 形设计，而日耳曼、意大利的罩裙则十分特殊，有着位于正面的连接束带（前述法国等地区的连接束带则位于侧面和背面），以及夸张的泡泡袖。

1558 年，伊丽莎白一世即位，成为英格兰、爱尔兰与法国女王。她虽然有着男人一样的政治手腕，却也有女性的一面，对欧洲各国服饰都有很浓厚的兴趣。她也因此在六十年的执政生涯中，带动了几次时尚潮流。伊丽莎白时代的带骨裙撑和拉夫领延承自拥有一半西班牙血统的玛丽一世在位时推崇的西班牙风格。西班牙风格的三角形带骨裙撑（verthingale）流行之后，很快又出现了另一种带骨裙撑：环形撑（circular roll）。环形撑据说起源于法国，呈圆环状，内有填充物，使用时将其围在腰部，用来撑起聚拢在一起的外裙（overskirt）。相比都铎王朝时用带骨裙撑塑造的较为平缓、呈三角状的轮廓，环形撑能够托起更大的裙摆。讽刺漫画《女人的虚荣》（约 1590—1600 年）中就描绘了当时女人们浪费大量布料塑造裙形的情景，画中一群女人在试穿大小不同的“臀圈”（bum roll）。虽然环形撑也会耗费大量材料，但对于一些女性来说，抛弃普通的带骨裙撑，改穿环形撑，意味着自身社会地位的下降。

亨德里克·霍尔奇尼斯（Hieronymus Scholiers）《弗朗索·冯·艾格蒙夫人》1580 年，荷兰
洛杉矶艺术博物馆

DAMOISELLE FRANCHOYSE DEGMONT
HGoltzius fecit

禁奢令是影响全欧洲人穿衣选择的最重要因素，即使是上层阶级也不能幸免。早在伊丽莎白一世执政前，限制人们在衣着上铺张浪费的法令就存在了。而伊丽莎白一世延续了这些法令，规定人们的裙装形制和使用的面料要与其阶级相称。这些法令的出台，源于政府希望对进口商品实行管控。1574年6月，伊丽莎白一世写道："最近几年，由于我们的纵容，我国在服装和使用不必要的进口商品方面大行奢靡之风，导致全国财富大量流失。"[2]

贵族以外的所有女性都不允许穿"金线、薄绢或黑貂皮草的服装"，此外，天鹅绒、刺绣或金银线饰边，以及绣花丝绸也在禁令之列。罩裙、衬裙和打底裙中限制使用素缎（satin）、花缎（damask）、丝罗缎（silk grosgrain）、簇绒塔夫绸（tufted taffeta）等，每种衣物应使用哪些面料都有不同的规定。一些衣物可以供"骑士儿子的妻女或骑士继承人的妻女"使用；偶尔，"女性公爵、侯爵、伯爵的近身侍女"可以穿戴其女主人送给她们的旧衣物。尽管要在法律上贯彻这些禁令或是实际执法都极为困难，但这些条文确实让中产阶级无法轻易僭越，增加了他们跻身贵族的难度。[3] 以服装彰显财富的做法意义重大，因此对不同阶层的服装进行限制是行之有效的社会和政治管理手段。在欧洲其他地区，禁奢令自古有之，至十七世纪中叶，这种法令受到整个欧洲的抵触，上流社会也开始有人对禁奢令感到不满，法国著名作家蒙田就是其中一位。他批评法令造成了不必要的麻烦，并指出法令制定者应以身作则："就从王室开始去奢从简吧，他们除了服装以外，还有很多奢侈的地方。与君主的奢侈程度相比，其他任何人都是可以原谅的。"[4]

在英伦三岛和欧洲大陆，女性裙装的设计灵感时常源自男装——人们逐渐将上半身和下半身区别对待，因此需要给身体上下两部分分别制作服装。上一页的法国铜版画中的男式风格上衣（doublet）就充分说明了这一点。在法国，部分女性选择有着硬挺立领的西班牙式裙装上衣，这种服装与时尚男性的衣着在很多方面几乎完全一样。[5] 拉夫领是那时红极一时的配饰，男女所用的实际上看不出什么差别，在伊丽莎白一世加冕后的那几年更是如此。常见的拉夫领四周闭合，呈宽大的扁圆形。然而早在十六世纪，开放式拉夫领就很常见了，这种拉夫领围拢的边缘只是形成了立领，将佩戴者的头部两侧及后侧框起来。此外，很多资料表明，在不同的国家，拉夫领在造型和穿戴方式上有着细微差别，因此纵观欧洲各地，可以看到大量的样式变化。

十六世纪末，毫无实用性可言的法式（或称“轮形”）带骨裙撑可谓是上流社会闲适女性服装的一个缩影。相较于时尚劲敌西班牙，法国人更偏爱质软、方便活动的服装。然而讽刺的是，这种不实用的裙撑居然诞生于法国。在法式裙撑出现前不久，许多法国女性已经开始用多层硬衬裙来保持裙形了，这导致裙摆从腰部至底边形成了许多不规则的褶子，与西班牙式带骨裙撑平缓展开的形状完全不同。

盘形藤制的法式带骨裙撑在女性腰部形成一圈“晕轮”，向四周辐射。穿在身上时，裙撑置于垫圈之上，前低后高。这种裙撑进一步凸显了女性裙装的圆锥造型；裙摆从裙箍边缘径直垂到地上，产生躯干变窄、腿部变短的视觉效果。裙撑袖也令这种礼服的下裙增色不少，裙撑袖在肩头聚拢，臂部袖筒却极宽，类似于男式风格上衣隆起的月牙形袖子。这种袖子也会向极端发展，有时为保持形状甚至需要用鲸骨支撑。宫廷装中，裙装上身通常配有极为“壮观”的立领，最高、最宽的立领会远远高出头部，为了维持这种高度和造型，通常需要用领撑（supportasse）把拉夫领从底下抬起来，并以此为基础做出层叠繁复的效果。还可以通过使用由金属丝框架撑起、外部裹着透明布料、点缀着珍珠和蕾丝的威斯克领（whisk）来增加立体感。

在十六世纪，衣表装饰是时髦裙装极为重要的一环，这主要体现在裙装上衣及男式风格上衣的翻领（rever）上。黑线绣（blackwork）——用黑丝线在白色织物上绣花的刺绣工法——是这一时期装饰的突出代表。在伊丽莎白时代，它变得更加精致：与十六世纪早期几何风格图案备受青睐不同，伊丽莎白时代更喜欢花卉图案，并常以银线画龙点睛。[6] 繁复的装饰绝非只体现在刺绣这一方面。装饰切口（slashing）于十五世纪开始流行，通过在外衣上制造收边或不收边的切口，展示内层衣物使用的华贵面料。

伊丽莎白一世于 1603 年去世。她的葬礼画像为服装史研究者提供了研究束腰胸衣，又称“独立式双片胸衣”（pair of bodies）的珍贵资料。束腰胸衣内置支撑物插骨（busk）——竖直插于前片内的长而扁平的鲸骨、木条或金属条。插骨首次亮相于十六世纪。人们经常在插骨上镌刻私密话语，作为礼物送给情人，插骨也因此沾染上了“情色”气息。[7]

丝绒罩裙

约1550—1560年，比萨王宫博物馆

这套暗红色丝绒裙装（有袖裙）带有华丽的金线饰边，是现存极为罕见、珍贵的意大利文艺复兴时期罩裙，发现于比萨圣马泰奥修道院的一尊木雕上，与托雷多的埃莱奥诺拉（Eleonora di Toledo）的丧服极为相似，但现在还不能确定该裙装是否属于埃莱奥诺拉或其亲属。[8]

前后领口均低而方正，常会搭配一块轻薄布料覆盖在肩上。

袖子上端有造型，有时称为巴拉戈尼（baragoni）：肩带拉紧时，将多片长条衣料拉成装饰性隆起状，然后再将罩衫从相应的衣料间隙中一一拉出。

袖筒上有切口（衣料上装饰性的细缝）。

下裙在腰部收束，在前后及两侧形成深褶。

下裙由矩形和三角形布块缝制而成（图中可以看到褪色的接缝），这样的剪裁使下裙呈喇叭形的轮廓。丰圆的拖裾配有数道相呼应的圆弧形金线饰边。

这一时期袖子与裙装主体分离，通过几条肩带（aiguillette）固定在裙装上衣的袖孔上。穗状的肩带末端有金属坠饰。

裙装上衣（也被称为 imbusto）通过抽紧身后两排垂直的系带来使衣服合身。系带从腋下延伸至腰部，这是上层阶级裙装上衣系带的常见位置。女性劳工由于需要迅速穿好衣服，又没有佣人服侍，其裙装一般采用胸前系带。另一种为裙装上衣支撑和塑形的方法，是用毛毡或粗硬布使其变得硬挺。需要注意的是，虽然当时已经出现束胸衣，但还没有使用鲸骨来强化效果。[9]

提香的弟子，《斯皮林贝戈的埃米莉亚》，约 1560 年，华盛顿美国国家美术馆。

这幅意大利肖像画中的年轻女子身着与大图相似的深红罩裙，外配带直立拉夫领的宽松长袍、宝石腰带（girdle）。通过这幅画像，我们可以清楚地了解到这种服饰在日常生活中的穿着及搭配方式。

《年轻女士的肖像》

作者不详，1567年，康涅狄格州纽黑文耶鲁大学英国艺术中心

这幅肖像画中的女士身份已不可考，但可以看出是位年轻富有的英格兰女性，身着符合约1560到1570年间时尚的服装。这套装饰华丽的裙装，从小巧、后置的艾斯科菲恩帽（Escoffion cap），到衬托蜂腰的拱形领，都体现出伊丽莎白一世执政早期贵族阶层的服装风格。

精致的项链长度足可绕颈部三圈，一圈圈垂挂在裙装上衣的顶部。项链的用料和设计都与腰带相呼应。

肩圈（shoulder roll），亦称肩翼（wing），内有衬垫，并配以裙装上衣及下裙开口处同款的装饰，反映出人们开始逐渐注重肩部细节的设计。

带骨裙撑塑造出宽大的圆锥形下裙，更凸显了女性的纤腰。

裙装腰间配有宝石腰带。中世纪以来，腰带一般环绕在腰间或臀部，会有一条长链从下裙中央垂下，长链底端有时会挂大颗珠宝、小塑像、小钱袋，甚至是小型书本或镜子等饰物。

在约 1570 年之前，低而方正的领口下都套有紧身小衫。紧身小衫主体是一块长方形衣料，带立领（此处是拉夫领），穿在裙装上衣底下，盖住脖子、肩膀及背部上端。图中紧身小衫为前开口，表明了这位女士的未婚身份。

袖子上有切口装饰，下层罩衫从口中抽出并隆起。

打底裙穿在罩裙和最底下的衬裙之间，剪裁合身，且通常带有上身部分。打底裙正面常附有一片三角形的华丽镶片，名为前裙，搭配前开的罩裙，表现穿着者的富有。

《大不列颠女王伊丽莎白》

克里斯托弗·冯·西切姆一世，1570—1580年（出版于1601年），华盛顿美国国家美术馆

克里斯托弗·冯·西切姆一世（Christoffel van Sichem I，1546—1624年）是荷兰木版画和铜版画家，作品题材以肖像、传统的圣经故事和叙事性场景为主。这幅作品展示了当时华丽的衣表装饰、肩圈及拉夫领大受欢迎的情形，也反映出女装受男装的影响。

1570 年代以前的裙装上衣惯用高领，到 1570 年代末，袒胸低领才重新流行起来。

等宽布条（panes）装饰着袖子顶端，塑造出夸张的肩圈造型。

躯干部分平坦无曲线，是因为裙装上衣没有使用省缝工艺（dart），未给女性胸部留出足够的空间。这种设计与男装上衣的结构十分相似。

腰线更低、更细尖。

1575 年前后，带骨裙撑的底边变得更宽了，裙摆通常要配臀垫，才能塑造出图示中的体态。[10]

亨德里克·霍尔奇尼斯，约 1583 年，《耶罗尼米斯·绍利尔》，华盛顿美国国家美术馆

这幅同一时期的肖像画展现了男女服装在裁剪和装饰方面的相似之处：高拉夫领、肩翼，以及假垂袖（false hanging sleeves）等要素都表明男装与女装会相互影响。

长长的假袖松散地垂挂在裙装上衣的袖子处，一直垂到靠近地面，每隔一段用与衣袖同料的蝴蝶结固定，衣袖本身也是用蝴蝶结系起各片，二者造型互相呼应。

《英格兰女王》

克里斯平·德·帕西一世，约1588—1603年，华盛顿美国国家美术馆

这幅克里斯平·德·帕西一世（Crispijn de Passe I）创作的伊丽莎白一世的铜版画，描绘了十六世纪流行时间最短（但也最容易辨认）的时尚：轮形或鼓形带骨裙撑。这一裙撑很快在十七世纪初便被欧洲大部分地区女性抛弃，但在王后丹麦的安妮（Anne of Denmark）支持下，又在其宫廷里延续了一段时间。

脖颈上戴着多串珍珠和宝石项链，绕了几圈，松散地垂挂在裙装上衣外。

十六世纪大部分时间里，男女装的拉夫领款式大致相同。但由于女装出现了图中这种低领设计，产生了大开口拉夫领——只遮盖脖颈的后部和两侧，袒露乳沟。这种拉夫领需要领撑（underpropper，固定在裙装上衣上的金属丝框架）提供支撑。

白色和金色相间的裙装上衣和下裙外，套着贴身的罩裙——剪裁得体，贴合腰部，覆盖了带骨裙撑撑起的下裙后侧。

长假袖从手臂后方垂下，披于带骨裙撑上，长度通常垂到底边。之所以称其为“假”袖，是因为最初的款式袖筒闭合、末端有长开口容许手臂穿过，有实际用途，而此时做到这种长度已纯为装饰了。

金线面料上饰有白色丝质的隆起，间隙缀有红宝石、珍珠、绿宝石等各种珠宝。[11]

伊丽莎白女王头部后面的双晕环结构被称为蝶翼纱（butterfly-wing veil），由二到四只环形“翼”组成，衬在头后。环形“翼骨”张着纱布，边缘饰有珍珠宝石。一般来说，蝶翼的底部还连着一段白纱，从肩部飘垂至地面。

在十六世纪最后的二十几年里，图中的象鼻袖（trunk），或称炮筒袖（cannon），逐渐流行起来。这种袖子上端宽大，向下逐渐变窄，底端的袖口贴合手腕。袖子的形状是靠衬垫、鲸骨及金属丝来维持的

带骨裙撑“轮箍”外的一圈饰边（frill）名为弗朗斯褶（frounce），或称滚筒褶（drum ruffle）。[12] 这种装饰流行于1590年代至十七世纪初，为棱角分明的造型平添了一分女性的柔和感。

罩裙下的臀圈紧系于腰间，裙箍贴于其上，并向前倾斜。也就是说，裙箍后部要比前部高出许多。[13]

下裙沿带骨裙撑边缘径直垂下，长至脚踝或正好在脚踝下面。早期西班牙式带骨裙撑由腰部至底边有数个逐渐变大的裙箍，而轮形带骨裙撑的裙箍直径相等，搭配的下裙也是由长直条布料制成，不必做出立体造型。

第二章

1610—1699

由于完整保存下来的十七世纪裙装数量极少，本章讨论的案例，除了一些残片外，大都来自当时的艺术作品。这些作品因细致地表现了服饰而被选中，但大多不可避免地只刻画了富裕阶层的人物。此外，鉴于这一时期各国传统服装的风格变化多样，覆盖的广度极为重要，所以挑选的范围涵盖欧洲各地。本章收录了多个来自荷兰的案例，因为这一时期的荷兰是服装改革与创新的中心（哈勒姆的亚麻〔linen〕产业和阿姆斯特丹的丝绸织造业欣欣向荣），此外，荷兰在美学、经济和政治方面也表现不俗。

第一个例子是当时主流的西班牙风格裙装，最突出的标志就是延伸到腹部的三角胸衣片（stomacher），内里常附撑架，在穿着者腹部做出仿佛壁架的凸出形状。在西班牙和葡萄牙，这种做法流行了很长一段时间（查理二世的葡萄牙王后布拉干萨的凯瑟琳〔Catherine of Braganza〕于 1662 年从里斯本嫁入英格兰王室时就穿着类似的裙装，不过很快她就改用英式的罩裙和发型了）。在英格兰和法国，女性服装却一改伊丽莎白一世当政时期人工制造的僵硬线条、拉夫领，以及垫高的裙摆，转而崇尚柔软、清新、自然的轮廓线条。法国对新潮流的态度更加谨慎，传统的轮形带骨裙撑直到十七世纪仍常常出现在宫廷重大场合。1610 年后，裙装领口下移，袖子也更为丰满，在手臂不同的位置一一隆起，并用丝带和玫瑰花结固定。外衣上的装饰切口（十六世纪常见的装饰）在这一时期再次流行起来。但主要的衣表装饰还是袖口和领口饰边的大片蕾丝。领口的蕾丝已经不再像原来那样浆洗硬化，制成直立的拉夫领，而是优雅地落在肩头，人们称之为蕾丝大翻领（falling band），或依然叫作拉夫领，后来又被称为凡・戴克领（van Dyck collar）。当时这种领子为画家凡・戴克所钟爱，频繁地出现在他的画作中，凡・戴克领由此得名。到了 1625 年，腰线上移至胸下，这种做法一直流行到 1630 年代中后期。新式的裙装上衣两条肩缝的间距较大，袖孔非常靠后，以便装上异常宽大的袖子。1620 年代至 1640 年代，裙装上衣未必都有巴斯克（basque，垂至腰部以下的小垂片，这种小垂片男式风格上衣上也有），但确实较常见，本章的案例中就可以看到。[1]

裙摆总是松散地收束在腰际，带着厚实而不规则的褶子一直垂落到地面，有时会有一个小拖裾。[2] 外裙的前方有宽大的开口，露出底裙（underskirt）。底裙正面的镶片一般由反差鲜明、质地上乘、价格昂贵的布料制成（有时只有前侧用昂贵的面料制作，其余部分则用很朴素便宜的织物）。由臀垫或臀圈（填充着马毛的圆形布管）撑起的裙摆看上去非常饱满。几乎所有的罩裙都流行沿着高腰线系上一条细饰带，在裙装上衣中央或一侧打上蝴蝶结。女性穿低领的服装时，为保持稳重，经

威廉·多布森

《家庭画像》

1645年

耶鲁大学英国艺术中心

常会配一条领巾（neckerchief），对角折叠围在肩上，要么随意垂下，要么用一枚迷人的胸针固定在喉前或胸前。

束胸衣通常不独立，是这一时期服装的一个重要特征。带骨架的裙装上衣起基础的支撑作用，再于衣身正面插入一块三角胸衣片，围裹固定胸部和腰部（另一种做法是使用正面闭合、背后系带、没有三角胸衣片的裙装上衣，也可以塑造出同样的时髦身材）。这就意味着，十七世纪早期的大部分时间里，女士们不需要多穿一件单独的塑形内衣。后世所谓的“内衣”，此时实际上是外衣的一部分。进入十七世纪后半叶，裙装上衣内的骨架做得更加扎实，其中填充的大量骨条，以及勒紧的系带，把女性的上半身变得纤细颀长。穿含撑条的束胸衣此时已很常见，但直到1680年代曼图亚式外衣出现后，束胸衣才被广泛使用。

“独立式双片胸衣”（可能是现代bodice一词的由来）一般穿在一件罩衫外。罩衫的衣袖露在及肘的巴斯克衫之下（女性裸露手臂是这个时代的一个新特征，引起了道德家的广泛批评）。内层衣袖短于外层衣袖而不可见时，外层衣袖会采用宽袖口与蕾丝花边的设计，有时这些蕾丝还会浆洗硬化。穿束胸衣的场合不多，其形制与裙装上衣非常相似，只是一般没有袖子（有时也会有人穿长袖的束胸衣，特别是在冬天，在维多利亚和阿尔伯特博物馆中可以看到一件这样的藏品）。不过，由于现存古董服装太少，我们无从知晓十七世纪初，女性穿的衣服到底有多紧。现在我们习惯用束腰胸衣突显蜂腰，但在十九世纪以前，其功能主要在于改变人体上半身的形态。有了合身的裙装上衣，女性便没有必要用束胸衣将身体塑造成适合外衣的形状。给肩膀和上半身塑形，则是位于女性肩部边缘低而紧的领口的主要职责。从1620—1630年的肖像画里可以看到，这时的服装比整个十六世纪的更宽松、更自由。对比了十六世纪末和十七世纪初僵硬的设计之后，女性肯定强烈地感受到了这种自由。

克伦威尔统治英国时期（1649—1660年），清教徒崇尚的沉闷而克制的黑灰色并非当时唯一时尚。保王派的日常穿着中仍保留着“骑士”风格的元素，在女性服饰中体现为饰有蕾丝的领口和袖口，以及蓝色、黄色和玫瑰色等亮色丝绸和素缎面料的持续使用。人们的宗教、政治，尤其是社会阶级的区分，并非通过衣服结构，而是通过面料和边饰差异得以彰显。威廉·多布森（William Dobson）的《家庭肖像》描绘了在推翻查理一世之前，坚持加尔文派教徒的生活方式，穿着简朴服饰的一家人。画中女性的衣领全白且毫无装饰，完全覆盖了罩裙的露肩低胸领口；衣服上没有蕾丝；头上只有一顶朴素的头巾帽。这种服装元素的组合，以及当时流行的

小杰拉德·特·博奇工作室
《音乐课》
约1670年
华盛顿美国国家美术馆

高帽，是克伦威尔统治时期清教徒的典型穿戴。在荷兰也能看到类似的服装，其背后隐藏着政治因素。由资产阶级的精英成员主导的新教政府，通过朴素保守的制服（多为黑色）来强调自身的虔诚和严肃性。拉夫领这一部件被英格兰和法国服装摒弃后，仍一直存在于荷兰时尚当中，甚至越变越大，这是新教对浮华服饰的唯一让步。

在英格兰和法国，随着王政复辟（译者注：指 1660 年英王查理二世复辟）而来的是裙装上衣变长，腰线变低。1650 年代的一些裙装上衣上还保留着 1630 年代流行的小垂片，辅助“独立式双片胸衣”贴合身体。此时，裙装上衣普遍和束胸衣同穿，但仍然填充着大量骨条，裙装上衣面料与下裙相呼应，也适合展示各种衣表装饰。

此时的裙装还有以下特点：领口低而圆，平常用衣领或领巾遮盖起来；袖子依然膨满；腋窝和开得很深的袖孔上都打着密密的褶。随着 1670 年代临近，袖子逐渐变短，几乎总是能看到下层罩衫的袖子，罩衫饰边会从外衣的袖口和领口处露出来。

刺绣是此时服装的重要装饰，使用的技术和创造出的图案多种多样。例如，十八世纪以前的科学研究经常会研发出精美的丝绸和金属绣线，植物和动物都是热门的图案类型。这是一个“科技大发现的时代，创造了大量用于家居陈设和服装的织物”[3]。现存的女式短外套，特别是维多利亚和阿尔伯特博物馆，以及大都会艺术博物馆的收藏，都表明了刺绣材料的奢侈及图案主题的华丽。从现存的古董衣物来看，银蕾丝或镀银蕾丝是当时很热门的装饰，赏心悦目，随着这种审美观的发展，十七世纪也出现了一些更为实用的创新。例如，钩眼扣（hook and eye）作为扣合件已开始取代丝带，不过蝴蝶结仍流行了一段时间，是衣服上常见的装饰。从荷兰大师维米尔、扬·斯蒂恩（Jan Steen），以及上页小杰拉德·特·博奇（Gerard ter Borch the Younger）工作室的画作中可以看出，十七世纪的人们常把短外套作为实用与时尚兼备的配饰。在担任油画模特这类富有情调的场合，女性常常在罩裙外搭配宽松的外套。这些外套通常是丝质的，有时有皮草边饰或衬里，既奢华又具有居家的亲和气质。此外，短外套也可以用作正装，这一点从女式骑装的发展历程中可见一二。十八世纪已有专门为女性量身打造的整套骑装（但直到十九世纪末，定制服装才不再是男性的专属），十七世纪的女式骑装短外套仍非常接近男式风格，极少考虑女性的身材特征，连前襟左片扣住右片的典型男装做法，都分外显眼地沿袭了。此外，女式短外套偶尔也会搭配另一种格外男性化的服装——马甲背心

（waistcoat）。有时，这种搭配效果令人吃惊，正如塞缪尔·佩皮斯（Samuel Pepys）于1666年所指出的：

> 在画廊里散步时，我发现王室侍女们做骑装打扮，身着大衣，半身长裙搭配了男式风格上衣，穿得几乎和我一样。她们的男式风格上衣在胸前扣起，头戴假发、帽子，要不是男式大衣下的曳地长衬裙，没人能看出她们是女人。那副奇怪的样子，我颇不喜欢。[4]

直到十七世纪的最后二十年，包含裙装上衣、衬裙和外袍的三件式裙装还一直保持着热度。此后，大多数女性开始穿连体式罩裙，即曼图亚，这种造型奇特的服装是十八世纪的典型女装，由一块简单的T形布料制成，自肩部往下有一组褶裥，以贴合穿着者身形，再用腰带固定。曼图亚起初是一种宽松的非正式服装，在设计上影响了后来十八世纪女性正装的重要款式袋背外衣（sack gown），也称法兰西长袍（robe à la française）的发展。

马克塔·洛布科维奇丧服

约1617年，捷克米库洛夫地区博物馆

十七世纪的波希米亚王国（今捷克共和国）是贵妇马克塔·洛布科维奇（Marketa Lobkowicz）的故乡。她1617年所穿的丧服于2003年得以修复。图中这套罩裙很好地展现了中欧贵族在这一时期的服饰特点——强烈的西班牙风格，特别是继续使用圆锥形带骨裙撑这一点。

衣领面料是精美的丝绸，领边饰有意大利丝绸蕾丝。这一时期，优质昂贵的蕾丝大多来自意大利地区，这也反映了穿着者的身份地位。[5]

裙装上衣也是丝绸质地的，带有“鸟眼”图案——一种几何形装饰，简单的圆点形似鸟的眼睛。[7]

前后腰线边缘共有二十二个方形小垂片。

下裙由八片裁好的布块组成，通过西班牙式带骨裙撑（也称verdugado）塑造出圆锥造型，这种带骨裙撑在欧洲其他地区早已过时。[8]

下图中的这件斗篷（cloak）也是这套丧服的一部分：设计有典型的西班牙式垂袖和立领。丝绒面料上有用刀片雕出的花朵图案，这种复杂的技术只有最高贵、最富有的阶层才享用得起。[9]

这种上衣男女都会穿，其窄袖的裁剪与当时裙装流行的男式风格上衣（或称 jubon）一致。这种紧身服装通常会搭配立领和肩翼。

袖子采用当时常见的弧形剪裁，因而在大多数情况下会限制穿着者活动。然而，这件特殊罩裙的保管员指出，两条衣袖的顶部各加缝了一小块布，能使胳膊活动较自如。[6]

浑圆的长腰线彰显了西班牙风格，也让人想起这一时期荷兰流行的三角胸衣片的形状。这种裙装上衣有时会内置衬垫以增强凸起幅度，具体效果在下面的肖像画中可以看到。

下裙在前中线处有开口，但是穿在带骨裙撑上时会交叠闭合。

彼得·保罗·鲁本斯，《布里吉达·斯宾诺拉·多利亚侯爵夫人》，1606 年，塞缪尔·H. 克雷斯（Samuel H. Kress）收藏，华盛顿美国国家美术馆

这幅意大利贵族多利亚侯爵夫人的肖像画展现了多种西班牙式衣着风格的流行特征。东欧贵族一心效仿权势如日中天的哈布斯堡家族，因此也极力模仿西班牙时尚。

《执扇子的女人》

安东尼·凡·戴克，约1628年，华盛顿美国国家美术馆

本例是1620年代末意大利富有女性的典型打扮，画中人的服饰受欧洲北部风格的影响很大。与伊丽莎白时代的奢华相比，这一时期要相对简朴些，但我们依然可以看出一个时髦女性的衣服构成是多么复杂。

画中的女人在裙装上衣和下裙外穿了一件及地的无袖黑色丝绸外袍（在英格兰被称为睡袍［nightgown］）。这种服装只流行了一阵子，是女性衣柜里一项可有可无的选择。外袍前襟是敞开的，用饰带固定；长及地面，但这一时期极少长到有拖裾。

拼缝的藕节袖（virago sleeves）在小臂处变窄，紧贴手臂，衣袖上扎着与腰部饰带同色的丝带，强化了袖子的藕节效果。兰德尔·霍姆（Randle Holme）在1688年出版的《纹章学研究》（*Academy of Armory*）一书中，这样描述藕节袖（或称“切缝袖”［slasht sleeve］）：“从肩部到袖口，袖子被裁成一条条长片（fillet），在肘部用丝带或类似的东西捆扎住。”[10]

长而深的筒状外翻袖口通常使用亚麻面料，以蕾丝收边。

宽而方的领口上覆盖着一条带蕾丝边的薄透真丝领。此前不久的1620年代初，流行的是用金属丝——在欧洲被称为领撑（rebato）撑起来的立领。

裙装上衣本身很长，高扎的饰带造成一种高腰的视觉效果。

为了与1620年代后期的裙装上衣设计相搭配，三角胸衣片的末端会十分尖细，图中三角胸衣片的末端还带有小垂片及金边装饰。

女人左手拿着一把合起的扇子，扇子用粗金链挂在腰带上。

《亨丽埃塔·玛丽亚王后》

安东尼·凡·戴克，1633年，华盛顿美国国家美术馆

查理一世的王后亨丽埃塔·玛丽亚（Henrietta Maria）来自法国，是宫廷画家安东尼·凡·戴克最喜欢描绘的人，据说她给凡·戴克当过二十五次模特，不过也有记录表明玛丽亚王后对时尚不太在意。这幅肖像画中，玛丽亚王后穿的是一种有“猎装”之称的丝绸服装，但据考证，十七世纪初还未出现专门为打猎而制作的女装。不过图示服装有男装元素，说明骑马等活动的需要的确对服装设计产生了影响。

蕾丝大翻领围系在脖子上，覆盖肩部。这种设计也可见于男装。

袖子收束成隆起状以增加体积。这种风格的袖子流行的早期，有时会用填充了羊毛、马毛、亚麻或破布等的衬垫来塑形。[11]

相较于前面的例子，这里的三角胸衣片末端较柔和而呈 U 形。画中这种裙装上衣的三角胸衣片需要用别针固定在前襟中缝上。[12]

宽领巾通过末端绕住腰部的一条窄腰带来固定。

侧面的深色方形小垂片环绕腰线，与男式风格上衣的设计酷似。

多层粉色亚麻布形成风格奢华夸张的袖口。橘粉色丝带打成两个玫瑰花结，为裙装上衣又增添了一抹色彩。当时的衣服（包括男装和女装）上流行用丝带结和玫瑰花结作装饰。

蓝素缎的下裙和裙装上衣上都有细小的装饰切口，以便露出里层的布料。这种做法整个十六世纪都很流行。在十七世纪又一度复兴。

三角胸衣片、裙装上衣的小垂片、底边上都有一排排金色穗带，下裙和袖子的接缝位置也有。

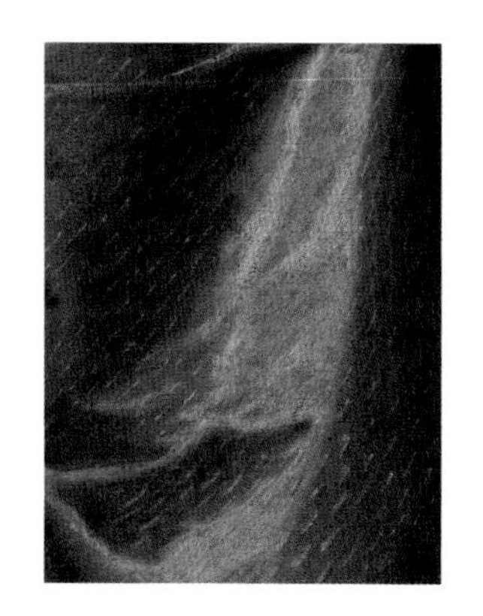

这一时期下裙一般都没有开口，也没有拖裾，结构相对简单。

《褶边领、宽檐帽的女人全身像》

温斯劳斯·荷勒，1640年，华盛顿国会图书馆

十七世纪的蚀刻版画师温斯劳斯·荷勒（Wenceslaus Hollar，1607—1677年）的作品对服装史研究者来说可谓无价之宝，因为他广泛取材，详细刻画了十七世纪早期到中期的男女服饰。荷勒对服装有着浓厚的兴趣，认为服装是重要的历史记录。他描绘不同织物、边饰和饰品的高超技巧，使他的作品极具史料价值。

低开领口覆盖着一块宽大的蕾丝方巾。随着时间的推移，这些袒胸露肩、或圆或方的低领逐渐变得越来越低（也越来越宽，更靠近肩膀的边缘）。

图中裙装的腰线稍稍下降，至围裙的位置，但仍相对偏高。

裙装上衣的开口处露出僵硬的三角胸衣片，用丝带穿过两侧来固定。

图中无围兜的围裙是当时流行的服饰配件，由于纯粹只起到装饰作用，所以通常采用丝绸或亚麻布面料。在英格兰，围裙与清教徒崇尚的服饰风格有着特殊的关系。这类围裙几乎都是棉布或亚麻布的，而且上面没有任何装饰。[13]

1640年代前半，已婚女性（尤其是荷兰的）服装上都会配椭圆形的宽大拉夫领。

裙装上衣显眼的位置有两个玫瑰花结。这种简单的丝带配饰在当时非常受欢迎。

这一时期罩裙的衣袖都比较膨胀饱满，袖口宽大，长度刚过肘部。下面这幅弗兰斯·哈尔斯（Frans Hals）1650年创作的肖像画中可以看到一对外观相似，但更宽一些的袖口。

下裙在腰部打了深褶，底下有臀垫圈支撑，以增加体积感。

弗兰斯·哈尔斯，《女子肖像》，约1650年，纽约大都会艺术博物馆

薄绢银裙

1660年，巴斯时尚博物馆

这套精美的英式银线罩裙是两件式的，是现存最古老最完整的裙装之一，尺码虽小却依然引人注目。博物馆方面认为，原主人是一个追求时髦的女孩或年轻女性，可能曾在宫廷或其他正式场合穿过这套裙装。

一般来说此时裙装上衣的袖子已经很短，但达到最短还是在1670年代。背部的弹带形褶裥（cartridge pleat）令袖子体积膨大。本例中，袖子长度是由外露的宽松内衣（chemise）的袖子来实现延伸的。宽松内衣的袖子以蕾丝收边，其蓬起效果来自袖口的绳子。[14]

裙装上衣的袖子上有缝，可以露出部分宽松内衣的面料。

裙装上衣上仍有小垂片，只是更小、更细，位于自然腰线以下，藏于下裙内。

细小的弹带形褶裥把下裙与裙腰连在一起，制造出这一时期罩裙常见的柔软圆蓬效果。下裙内会配衬裙和缠于腰间的垫圈。

这种漂亮的织物由丝绸经线和金属（银质）纬线织成。闪着微光的银会在十七世纪的烛光映照下闪闪发光，其华美之感也使这套裙装被冠以“薄绢银裙”的美名。

沿着衣缝有一圈独特的银质针绣蕾丝（needlepoint lace），这些蕾丝采用单针单线绣制，以大量针脚构成各种图案。蕾丝底下压着粗银线，构成卷轴般的横向花样。[15]

宽大的椭圆形领口，几乎要落在肩膀外，其设计目的是包裹和支撑上半身，突出肩膀和脖子等部位。

边缘带有尖角的下垂蕾丝方领勾勒出领口的轮廓。清教徒不赞成给衣服上浆，因而在王政复辟前的那几年，英格兰服装常采用上述设计代替。

1640年代和1650年代，裙装上衣逐渐变长，到1660年代，腰线的长度和尖锐程度也达到顶峰。两条倾斜的接缝从腋下一直延伸，在服装的前中线汇合。

这一时期常见正面敞开露出底裙的罩裙，但这套例外。类似设计在荷兰画家卡斯帕·奈切尔（Caspar Netscher）1665年所作的《牌局》中也能看到，画像中也很清楚地呈现了这类衣服的背面（注意下方左侧图中裙装的小拖裾和开得低且深的袖孔）。下方右侧图中的红色罩裙有与大图类似的金属蕾丝，同样的蕾丝也出现在裙装上衣、袖子和下裙上。

卡斯帕·奈切尔，《牌局》（局部），约1665年，纽约大都会艺术博物馆

《产婆》

尼古拉斯·伯纳特，约1678—1693年，洛杉矶艺术博物馆

法国艺术家尼古拉斯·伯纳特（Nicolas Bonnart，1637—1718年）的版画描绘了十七世纪各种重要的时尚风格。这幅画中的人物是个“产婆”，其华丽的罩裙展示了女性服饰的重大创新——曼图亚的萌芽。

历史上这一时期，社会上似乎并不要求上层女性出门时盖住头部；实际上许多种帽子在室内和室外使用的机会一样多。在街上戴这类头巾的女性很常见，有时还会配半遮面罩（half-mask）。这主要是由于天气原因，而不是社会礼仪的要求。

这一时期有时会将覆在肩膀周围的宽大蕾丝领称为威斯克领。

裙装上衣依旧偏长，腰线收尖，低肩，短泡泡袖露出一大截罩衫袖子。背面的腰线通常平滑而圆润。由于露出了大面积的罩衫，所以罩衫的领口和袖口都饰有华丽的蕾丝。

到了1670年代，外裙前面变宽，两侧布料也开始被提起，形成向后拢起的不那么夸张的垂幔（swag）。这种设计式样会发展为曼图亚，而曼图亚也将在十七世纪末至十八世纪初成为正式的礼袍。[17]

下裙向后拢，露出色彩鲜艳、图案鲜明的衬裙。袖口的蝴蝶结装饰与衬裙同为蓝色，相呼应。正如兰德尔·霍姆在1688年所写的那样：“下裙正面是敞开的，以便露出昂贵的衬裙。”大多数情况下，衬裙的颜色和布料与裙装上衣、外裙完全不同。[16]

外裙拖裾很大，通过扣、环或钩固定。随着时间的推移，拖裾越提越高，远离地面。

《美丽的诉讼当事人》

尼古拉斯·伯纳特，约1682—1686年，洛杉矶艺术博物馆

1680年代的曼图亚更宽松（接下来的分析中有详细描述），然而由于不太正式，路易十四强烈反感这种服装，并禁止在宫廷穿着。因此，宫廷里的女性只好继续穿过时已久的僵硬裙装上衣，这种服装风格以宫廷大礼服的身份，一直延续到法国大革命之前。[18]这幅画像展示了旧式裙装上衣与帷幔造型、搭配布置等方面有了若干新发展的下裙的结合。

袒胸露肩的领口开得又低又宽，一直延伸到肩膀的边缘。领缘有名为领布（tucker）或头巾布（pinner）的薄料饰边。

丝带缠绕在手臂上，并在末端打蝴蝶结，通常打在罩衫袖子的顶端或底部。图中颈部和腰间也装饰着同色的丝带结。

外裙垂挂的位置很高，紧贴着臀部盘成环状，带垂褶的布料流泻而下，形成长长的拖裾（这是当时非常流行的设计）。这意味着从正面和侧面都可以看到华丽的衬裙。

为了把外裙拉开、提高，并固定在身后，需要用到名为"巴黎臀"（Cul-de-Paris）的假衬垫。这一配件在十七世纪末成为曼图亚的重要特征。

一条有饰边的垂直细缝中露出手帕的边缘，表明衬裙下有独立的口袋系在腰间。

从1680年代开始，女性发型变得柔软、贴近头部，锥形头巾（cornet）因而成为流行的头饰。这种头巾不像1690年代和十七世纪初的方当伊高头饰（fontange）那样高且结构分明。锥形头巾由一顶带有长垂饰（lappet，饰有垂边或褶子）的精致帽子构成，长垂饰勾勒出面部轮廓，搭在肩膀上。[19]

底下罩衫的袖子有带饰边的袖口。

这里看到的长及肘部的手套，是宫廷里穿全套正装时必须搭配的配件。

条纹布料当时很流行，条纹或横或竖（或者横竖并用，如图所示）。条纹的银色光泽意味着这件衬裙可能用了金属线作装饰。[20]

曼图亚

英国，约1690年代，纽约大都会艺术博物馆

曼图亚即“前开式长袍”（open robe），由一块T形布缝制而成，自肩膀处向下有一系列的褶裥，贴合穿着者的身形，最后用腰带固定。曼图亚的出现预示着服装制作进入了一个重要的新阶段：出现了女裁缝，或称“曼图亚裁缝师”。这些女性没有接受过像男裁缝一样的训练，她们以原本用来做宽松内衣和睡袍的简单的T形布料做出了曼图亚。这种服装得名于其使用的主体面料——产于意大利曼图亚的一种丝绸。

领口处的平直边饰延伸出来与绣花布料制成的厚翻领相交，并在裙装上衣正面闭合。与当时许多罩裙不同的是，本例似乎没有配三角胸衣片。

毛料上有四种不同色调的条纹，条纹上点缀着银线绣的叶形图案。突出布缘的工艺展示了十七世纪末曼图亚裁缝师高超的立体裁剪技术。在下图《玛丽女王》中可以看到图案类似的布料、同样翻起的袖口（turned-back cuff），以及没有三角胸衣片的闭合的裙装上衣。[21]

约翰·史密斯（John Smith）临摹自简·范德法特（Jan van der Vaart），《玛丽女王》，1690年，华盛顿美国国家美术馆

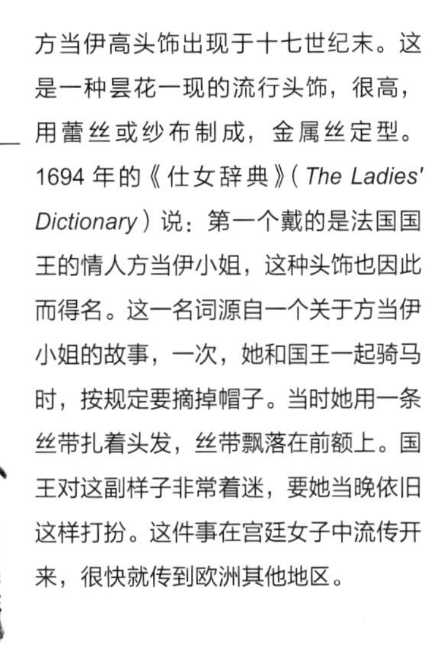

方当伊高头饰出现于十七世纪末。这是一种昙花一现的流行头饰，很高，用蕾丝或纱布制成，金属丝定型。1694年的《仕女辞典》（*The Ladies' Dictionary*）说：第一个戴的是法国国王的情人方当伊小姐，这种头饰也因此而得名。这一名词源自一个关于方当伊小姐的故事，一次，她和国王一起骑马时，按规定要摘掉帽子。当时她用一条丝带扎着头发，丝带飘落在前额上。国王对这副样子非常着迷，要她当晚依旧这样打扮。这件事在宫廷女子中流传开来，很快就传到欧洲其他地区。

袖子褶边（sleeve ruffles，较长的款式此时叫作多重花边）可能是另外单独缝上的，而不是罩衫的一部分。图中展示的褶边饰有精美的针绣吉普尔蕾丝（guipure lace）。

这一时期，曼图亚的裙摆高高地环在臀部，露出底下一大片衬裙。从这件衬裙的布料上金线刺绣的面积来看，它明显是要展示于人前的。[22]

第三章

1710—1790

在阅读十八世纪女性时尚的资料时，我们会发现好像总是法国和英格兰在引领风潮。部分原因是日耳曼和意大利地区（尤其是后者）诸国未能统一，在世界舞台上所扮演的角色比较次要，其裙装受地区传统影响，如意大利，比起在文艺复兴时期时尚中的重要地位，此时意大利服装的出口量和影响力似乎退到了边缘地带，被奥地利和西班牙压得抬不起头来。与此同时，俄罗斯长久以来一直对法式服装非常着迷，斯堪的纳维亚各国也一直维持亲法的立场。[1] 整个十八世纪，时尚术语中充满了法语词汇。而英国人则坚定地倡导自己的风格，以及对于优雅的定义，同时对其欧洲邻国法国的时尚发展始终保持敬佩和谨慎质疑的态度。十八世纪，两国不止一次爆发战争，但战争似乎反而增强了它们相互间的好奇与竞争意识。以当时法国的时尚影响力为基础，我们可以将十八世纪时尚总结为三大罩裙式样：法兰西长袍（或称袋背外衣）、波兰长袍（robe à la polonaise），以及英格兰长袍（robe à l'anglaise）。本章将逐一介绍这些样式及其变体，并简要概述主导十八世纪女性服装式样设计的几个主要趋势和影响。

袋背外衣又称宽外服（sacque），是一种两肩间有宽大褶裥、长度很长的罩裙。最初，其正背面都很宽松，褶裥未经缝纫，也不甚平整，一直垂到地面。到 1730 年代至 1740 年代，罩裙变得结构更为清晰，褶裥更为工整，裙装上身更为合体紧身。裙装上身是七分袖，袖子前缘通常带有可拆卸的长蕾丝袖口，即多重花边。袋背外衣穿在宽大的篮式裙撑（paniers）或侧裙箍（side hoops）外，让下摆前后变得相当平坦。在十七世纪末，这种风格仅用作宫廷装或大礼服：罩裙装饰精美，一般人只能在面见国王时这样穿，平时只有贵族和王室家族成员才有资格穿着。袋背外衣的下摆两侧可以盘起，和波兰长袍相似；其作为宫廷礼服，下摆宽度达到了史上高峰——这也是财富和悠闲的极致体现。

波兰长袍（因 1772 年第一次瓜分波兰而得名，或许与那首流行的华尔兹舞曲也有些关系）为前开式长袍，下摆与上身连体剪裁，外裙在正面开口，以露出其中装饰精美的衬裙。[2] 罩裙会用或隐或现的拉绳上提，收束为具有美感的垂幔，同时期的法国文献中把这种做法称作“卷起的裙子”（retroussée）。虽然这种服装听名字似乎十分精致，其实它的出现代表的是人们开始用较轻松、“质朴”的态度来看待裙装了。田园艺术家笔下的牧羊女、乡村姑娘等过着无忧无虑生活的人物，就经常穿这种风格的服装。事实上，这种时尚可能源于劳动妇女（当然她们的服装样式要更为简单），因为外裙和底裙都改短了，可以远离尘土飞扬的地面，方便进行体力劳动。有时，穿着者会把部分裙摆直接通过罩裙口袋开口拉出来。当这种裙装被

法兰西长袍
约 1765 年
洛杉矶艺术博物馆

卡拉科短外套
1760—1780 年
洛杉矶艺术博物馆

伊丽莎白·维吉·勒布伦
《玛丽·安托瓦内特》
1783 年
华盛顿美国国家美术馆

引入时尚界后，额外添上了边饰和打褶饰边，与其理性、实用的初衷已相去甚远，当时穿这种衣服的大多是年轻、追求时尚的女性。

波兰长袍与其后继者英格兰长袍在某些方面非常相似。英格兰长袍是一种紧身的罩裙，上身贴合穿着者躯干缝制，直至 1780 年左右都还没有开始流行。由于同波兰长袍结构相似，外裙垂褶卷起来的方式也相同，英格兰长袍与波兰长袍的名称有时可以混用。在法国大革命之前，不实用的袋背外衣一直是奢华和财富的象征。袋背外衣和波兰长袍在当时的时装界并驾齐驱，直到 1790 年代，仿照线条干净的古希腊罗马服装设计的英格兰长袍和简单的圆礼服（round gown，摄政时期帝政式高腰线〔empire-waist line〕风格女装的早期版本）成为当时的常用裙装，才打破了这种局面。具有讽刺意味的是，诨名“赤字王后”的玛丽・安托瓦内特在时髦服装花销上出了名的挥霍无度，却最早开始带动女性穿更为简化、繁复设计较少的服装的风气。1783 年，玛丽・安托瓦内特在凡尔赛营建了一座名为“王后的小村庄”（L’Hameau de la Reine）的农场。此时也恰逢套头直筒连衣裙（gaulle）进入时装界，这种裙装由平纹细布或棉布一层层叠成，只靠围在腰间的一条简单的饰带来突出身体轮廓，后来被称为“王后的宽松内衣”（chemise à la reine），与女式宽松内衣、直筒式连衣裙（shift）极为相似。又因伊丽莎白・维吉・勒布伦（Elisabeth Vigée Le Brun）1783 年所作的肖像画《玛丽・安托瓦内特》而备受时尚界关注。它可以说是 1790 年代最后几年里出现的轻便、贴身，且起初被视为伤风败俗的罩裙的前身。

配以衬裙和三角胸衣片（一种三角形织物，通常盖在内层束胸衣上）的连体式罩裙一直是时尚女性的主要服装，一直流行到十八世纪中叶。然而大约在 1730 至 1750 年间，情况开始发生变化。上层女性在非正式场合也开始穿下层劳动妇女日常穿的衬裙配短外套。这件事的新奇之处在于，卡拉科短外套（caraco jacket）之类的衣服最初通常被当作睡衣使用。但随着时间的推移，这类衣服的实用性和潜力让其使用范围大为扩大。短袋背外衣（pet-en-lair）是袋背外衣的缩短款式，长及大腿根部，需要搭配衬裙穿着。[3] 此外，人们也发现这类衣饰很适合用作旅行服装，于是设计出旅行专用的布伦瑞克短外套（brunswick）。布伦瑞克短外套的冬装款由加厚的绗缝（quilted）织物制作，成为寒冷的欧洲和美洲冬季里颇为实用而又兼具美感的服装。

丝绸曼图亚

英格兰，约1708年，纽约大都会艺术博物馆

这套长袍与我们在上一章末尾所见的裙装轮廓相似。到1700年，曼图亚已经成为正式服装。本例与之前的曼图亚一样，由两块未经剪裁的丝绸缝制成一体，为贴合女性身形而撩起形成帷幔并打褶。

这套曼图亚是所谓奇异提花丝绸（bizarre figured silk）的绝佳例子，粉红色的锦缎面料点缀着绿色图案。奇异提花丝绸以图案大著称，图示裙装采用的是传统的花卉图案，用金银丝线勾勒轮廓。这种奇异提花丝绸面料生产于 1695 至 1720 年间，炫目而昂贵，能使造型平凡的罩裙变得奢华起来，同时表明穿着者是位时尚人士，了解当时最新流行的亚洲风。伦敦著名的斯皮塔佛德地区的织工将这些图案创造出来，并推广到英国各地。[4]

这块华丽的三角胸衣片需要用许多别针固定，这使得穿衣过程复杂而耗时。曼图亚的颈部也用别针，其他地方则如图所示，通过饰带和针线固定。

收束的衣袖相对宽松而丰满，与上身其他部分分别裁剪。袖口宽大，末端正面打着几个细小的褶。

外裙臀部由垫臀裙撑（bustle）撑起，继而形成长长的圆形拖裾。布料上留下的小孔表明高置的垫臀裙撑原本是缝在罩裙上的，在其他的案例中，也有用扣子和圆环固定面料帷幔部分的做法。[5]

衬裙上有与罩裙同料的扇形抓褶荷叶边装饰，缝在衣服上时会将未包边的一侧朝上。

法国版画（局部），承蒙保罗·盖蒂博物馆的“开放内容项目”提供的数字图像

画中女性身穿的曼图亚，下摆上的帷幔、宽袖口及带柔软饰边的三角胸衣片与大图中的相似，展示了穿戴者就座时，如何优雅地安放垫臀裙撑和拖裾。

浅蓝色丝绸曼图亚罩裙

约1710—1720年，伦敦维多利亚和阿尔伯特博物馆

这套罩裙用带水果和树叶图案的丝绸面料制成，图案中的一些部分以银线来强调，反映出这个时代的纺织品对自然图案的热衷。该罩裙显示出女装的风格正在一点点转变，这种转变最终的结果是袋背外衣（或称法兰西长袍）的出现。

让-安东尼·华托（Antoine Watteau，1684—1721年），《三个女人》（局部），约1716年，承蒙保罗·盖蒂博物馆的“开放内容项目”提供的数字图像

袋背外衣背部深深的褶裥常被称作华托褶，之所以这样称呼，是因为让-安东尼·华托特别喜欢女性裙装的这个部分，常将它画入自己的作品中。这幅1716年的素描表现的是较早期的版本（和大图裙装上衣的背部相似）：布料打褶缝合的做法在之后会改成使其自然垂下。

方形领口在早期的曼图亚款式中仍是主要的流行元素，并在十八世纪大部分时间里都很受欢迎。

到大约1720年，曼图亚的结构更加复杂，不再仅由T形布料构成。本例表明此时袖子已经开始单独制作，然后缝到肩上。

领口边缘有平直的布料饰边，这是当时的一个常见特征，从它们融入正式曼图亚那打着复杂褶皱的帷幔时就一直存在了。

十六世纪的带骨裙撑退出历史舞台后，一种新型裙箍出现了。如图所示，这种裙箍撑出的是钟形轮廓。[6]

从1710年开始，曼图亚极少有拖裾。下裙的布料会整个提起，缝在身后固定。

闪光塔夫绸法兰西长袍

约1725—1745年，洛杉矶艺术博物馆

到1720年，原本后摆卷起的曼图亚逐渐演变成一种相对简单、宽松的罩裙，称作飞袍（robe à volante）。这种短暂流行的款式身后褶裥自然下垂，没有收腰剪裁。本例接续在飞袍之后出现，是使用压平的华托褶的早期例子，华托褶从肩部垂到地面，贴合人体背部的形状剪裁。

背部的褶裥继承自曼图亚，从领口处一直缝合到略高于腰部的地方。在后面其他的例子中，背后的褶裥缝到上身衬布上的部分只到肩胛骨处，有时根本不加以缝合。

与之前的曼图亚相比，本例的袖子变得更为窄小贴身。

精美绝伦的手绣三角胸衣片上装饰着菊花和树叶图案，交叉的金色细绳覆盖其上。到了十八世纪后期，富人的裙装通常会做更华丽的边饰。

独立的带翼袖口（winged cuffs）是十八世纪早期罩裙的特征，在接下来的几年里，会演变成从肘部分层并逐层垂下的样式。

裙摆依然维持着浑圆的轮廓，但可以看到前部逐渐变平和两侧逐渐变宽的趋势，成为典型的袋背外衣或法兰西长袍模样。本章后面的案例中可以看到更大、更宽的裙摆。

小小的拖裾突出了流畅的新式背部褶裥。此时拖裾完全是从罩裙的主体延伸出来的，不做任何的帷幔造型。

这件罩裙的奢侈之处在于其使用了昂贵的变色塔夫绸面料。这类闪光的丝绸面料在整个十八世纪都很流行，也是这套裙装的主要特色，衬裙和罩裙都使用了这种面料。

前开式长袍

英格兰或法国，1760—1770年，悉尼动力博物馆

本例的前开式长袍及衬裙是以深蓝色棱纹浮花（lisere brocade，通过浮起经纱和［或］纬纱以形成图案的基本织法）素缎制作的。[7]精美的花卉图案设计灵感来自大自然和人为创作，其中一些叶子上有精致的网格或蕾丝纹样。衬裙和长袍使用相同的面料，使整套服装浑然一体，凸显出制作工艺的精良。

长袍上身顶部的乳白色网格布块是后加上的，现在已被博物馆移除。考虑到当时的潮流趋势及领口的深度，几乎可以肯定，穿这套裙装时会配上某种颈部覆盖物。[8]

日装的袖子变得更长、更紧、更简约。袖子由两片单独的布块缝合而成，以做出稍微弯曲而合身的形状。

宽而低的领口（但背部领口是高的）与方正而深凹的裙腰相呼应。

下摆与上身通过后片连身（en forreau，意为“仿佛刀鞘一样”）连在一起，内里穿了臀垫以增加背面的体积。侧后方有一组紧密收束的浅褶裥。下摆从腰部到底边似乎内置了许多细绳，这些细绳可以系到不同位置，将这套罩裙变为带垂褶的波兰长袍风格。

注意，这套裙装没有三角胸衣片。它是英格兰长袍的早期版本，上身正面闭合，因此中间不再需要额外配件支撑。上身正面的矩形对襟闭合处（tab closure）用钩眼扣固定，这部分既有装饰性，又有功能性。上图是洛杉矶艺术博物馆的收藏，从图中可以看出，三角形披肩（fichu）变成领巾，两角可以穿过方片对襟开口处（tab opening）露出来。

下摆由六片布块拼接而成，从前方开口处可以看到与裙装主体同料的底裙。

罗缎法兰西长袍

英格兰，约1765—1770年，洛杉矶艺术博物馆

尽管面料及边饰华丽，结构也相当复杂，但这套裙装还是透露出一些微妙的迹象：女装风格正朝着更简洁、更轻便发展。本例主要的装饰特征是图案设计，裁制者特别用心地让服装各侧面的图案相协调。

当时罩裙上的小褶边（robing）通常采用与罩裙主体相同的面料来收边，但本例却使用了更为精致的金属蕾丝。

到 1770 年代，褶裥变得较窄，并向长袍上身背部的中线靠拢。以前的款式多将褶裥最顶端的几英寸缝在衣服衬里上，此时已经很少见到此类做法了。

罩裙的主体部分使用的是绢丝（faille silk，中等厚度的面料，沿纬纱有罗纹），裙身上有金属线刺绣，由兰美拉（lamella）金属薄片、平滑型（file）金属线、加捻型（frise）金属丝线组成。[9] 这种刺绣多由女帽设计师（milliner）而非曼图亚裁缝师绣成，将带图案的织物与外加的装饰结合起来，迎合了当时的流行美学。这是一种真正美轮美奂的结合，它会在十八世纪舞厅、餐厅的烛光下闪烁，向人们彰显裙主人的财富和地位。

与罩裙上身相搭配的三角胸衣片缀有小褶边，并有包布的装饰性纽扣，给人一种上身在身前扣合的视觉效果。这种三角胸衣片的样式主要受男装启发，功能性不弱于装饰性。在1770年代，当三角胸衣片越来越不时髦的时候，这种特点愈发凸显。[10]

假袖的多重花边一直延伸到真袖袖管的正面，以与罩裙其他部分同料的大而扁平的蝴蝶结收尾。

为了让臀部宽度变小，通常会使用更灵活的侧裙箍（或称口袋裙箍）——由两个独立的裙箍组成，裙箍用带子连接，在正面系紧。这种裙箍穿在身上时，能塑造更小、更圆的轮廓。

罩裙没有拖裾，与其他部分所表现出的简洁、流畅的美学理念相一致。

丝绸英格兰长袍与波兰式帷幔造型裙摆

约1775年，洛杉矶艺术博物馆

最初，波兰长袍的特点是上身和下摆连体（类似于男式长礼服），下摆在身后分成几部分盘起。随着这类帷幔造型越来越流行，其他种类的罩裙也开始采用这种设计。这个例子展现了较正式的英格兰长袍是如何被加以改造的，显示出十八世纪后期女装的变化性，以及可供选择的样式之丰富。

这样的三角形绣花披肩给整套服装的背部增添了不少风采，同时也适度地遮住了穿这种低领罩裙时露出的胸部。

裙摆上的两组垂幔的位置和形状非常时新，但并不是普遍流行的。有资料显示，一些长袍正面不流行使用垂花饰，后中线上有时会添一些蓬起的褶裥。

绗缝衬裙既实用又迷人。内层的衬垫能保暖，有益健康，也能使衣物更为耐用，而外侧可见的菱形缝线很吸引人，同时也为裙装增添了质感。

衬裙的底边长及脚踝，这样的设计源自劳动阶层的实用性考虑。此外，这个长度还可以展示精美的花鞋。

一顶硕大的牧羊女帽（bergère hat）平衡了裙摆的庞大体积，使腰部显得更加纤细。

袖筒很细，长度刚过肘部。虽然当时流行的是全长袖，但这种七分袖在1770年代也仍然很常见。

上身和下摆分开裁制，再通过后片连身的方式相连接，仿佛刀鞘模样。这种新的制衣技术，下摆和裙装上身的一部分由同一块布料构成。这样一来，裙装背部中央可以保持平滑的曲线，形成漂亮的深V形。剩下的布料打着细小的褶裥聚拢，并缝合到裙装上衣上，再加上臀垫，塑造出理想的丰满效果。

外裙里层有一套拉绳，可以把外裙拉成想要塑造的形状。当时也很流行把拉绳和扣子置于罩裙外，这一做法可以在下图看到，这是一件约1770—1780年间裁制的罩裙的局部，与大图属于同一馆藏系列。

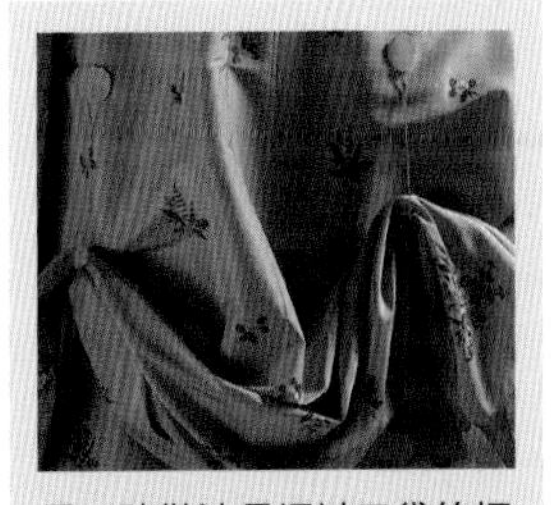

另一种做法是通过口袋的切口把部分裙摆拉起，创造出一种裙摆塞进口袋里的效果。劳动妇女为方便干活，采用了这种做法。时尚界吸纳了这种风格的主要优点——多变且兼具多种功能。

真丝斜纹绸英格兰长袍

法国，约1785年，洛杉矶艺术博物馆

英格兰长袍相对简约的造型是通过一些巧妙的制衣技术来实现的，其中一种就是上一例谈到的以后片连身（刀鞘状）的方式裁剪裙摆。本例裙摆用臀垫支撑，达到了理想的丰满效果。

1780 年代，女性日间常在颈部戴一条三角形披肩。图中披肩完全盖住了肩膀，两端都塞在了身前的领口内。

七分袖，窄袖筒，紧身且几乎没有装饰。

精心裁剪的六片布块向下摆顶端尖点处渐渐收合，构成了长袍上身背部精致的造型。这需要很高超的剪裁技术才能完成；对这种新型贴身剪裁方法的需求逼迫着裁缝们提高技艺。过去，多数考究的女性服装都是由男裁缝制作的，尤其是一些需要细致裁剪的服装，如束胸衣和骑装。[11]

后片连身在背部中央营造出的 V 形是这件裙装的显著特征。厚重的弹带形褶裥和两侧鼓起的下摆，更强调了此处特殊的造型。[12]

条纹在十八世纪下半叶非常流行。条纹面料最早在 1760 年左右开始用于制作裙装。当时条纹之间常夹杂着花枝的图案（参见前面的波兰式帷幔造型裙摆）。然而，从 1780 年代开始，纯条纹变得越来越流行，新制作的罩裙上，以往相伴而生的花枝图案几乎完全消失。

英格兰长袍

法国，1785—1787年，纽约大都会艺术博物馆

这件裙装据说早在1760年就制作完成了，当时还是一件法兰西长袍（或称袋背外衣），后在约 1785年经过改造，成为现在看到的英格兰长袍。多年来它可能还经历了其他改动，1971年，修复人员重现了它1780年代时的耀眼模样。[13]

上身采用的缺角（cutaway，又称区划式［zone］）设计十分时髦，风格与当时流行的男装外套类似。区划式上身正面没有用别针或扣子闭合，只在顶部扣起或别起，然后斜向两侧敞开。这样，上身正面缺失留下的大片空间，会露出里面的马甲背心或假镶片（false panel）。上述设计的基本造型见下图庚斯博罗的肖像画。

托马斯·庚斯博罗，《切斯特菲尔德伯爵夫人安妮》（约 1777—1778年）。承蒙保罗·盖蒂博物馆“开放内容项目”提供的数字图像

上身内有一件带垂片的假马甲背心，给长袍增添了一丝男子气概。

三角形披肩延长并缠绕在上半身周围，通过添加褶边增强了存在感。这种配件的戴法多种多样，图中这样戴在 1780 到 1800 年间相当常见。

简单的七分袖，宽大无饰的与裙装主体同料的袖口，彻底呈现出这种服饰风格相较之下是多么的朴素与简洁。

下摆上的褶边与裙装主体同料，是可以追溯到早期裙装的一种装饰，在整个十八世纪的法兰西长袍和波兰长袍上都很常见，甚至在更早的 1680 年代以前的曼图亚上都有，它们粉色的边缘还重现了布边戳扎（pinked edges）这种过去在时尚界流行多年的工艺。

前摆稍短，可以看到漂亮的细跟鞋。此时的女鞋鞋尖上经常点缀搭扣或玫瑰花结。外裙后摆稍长，形成一条平滑、流畅的曲线，没有烦琐的拖裾。

丝绸与素缎骑装式礼服

约1790年，洛杉矶艺术博物馆

骑装式礼服（redingote）有宽大的披肩领（cape collar），前方用扣子扣合，其设计灵感源自骑装和男式大衣（greatcoat）；出于这个原因，骑装式礼服也被称为大衣裙（greatcoat dress），是流行的户外活动服装。[14] 骑装式礼服在十九世纪不断演变，经常会有肩章（epaulette）和横跃裙装上身前方的穗带等军装元素。

双层翻领形成披肩领，延伸到肩上，在背部形成了一个深深的三角形，让人想起了流行于整个十八世纪的三角形披肩。[15]

背部使用前面介绍过的后片连身剪裁。

裙摆背面中央的与裙装主体同料的包扣，与男装大衣下摆上方腰部位置使用的相仿。

作为比较强调实用性的户外活动服装，这种骑装式礼服没有拖裙。

1780年代和1790年代，上浆的领巾（又称 buffons 或 buffonts）常用来遮盖这种骑装式礼服和其他低胸服装的领口。领巾的尺寸可以大到夸张，并形成鸽胸（pigeon breast）效果。[16]

窄袖，长度刚过肘部。

前开式长袍露出简单的衬裙，与大领巾、简洁的袖口相呼应。下摆向后剪裁，更完整地呈现了深凹的腰线。

棉布裙装

约1790年，巴斯服装博物馆

这是一套有趣的罩裙，保留了1770年代和1780年代低而尖的腰线，但是背后和两侧的下摆起始的位置却接近帝政式高腰线处，呈现出女装正处于转型期，新与旧优雅地融合在一起。它很可能原本是一件1770年代或1780年代的旧衣，后来才被改成新的模样。

肩部些微打褶，让裙袖稍稍隆起。但这种设计在十八世纪末就消失了，平直的女装袖子只存在了几年。

下摆从原本上身底边的位置拆下，重新缝至胸围下方一点点处。

花卉图案是通过铜版印刷技术印到棉布上的。这种技术在1750年左右出现，十九世纪初非常流行。铜版印刷比滚筒印刷或木刻版印刷精确，更能捕捉细节。如这件衣服所示，铜版印刷图样通常是以在素净背景上印彩色花纹的方式来设计的。[17]

领口极低极宽，我们几乎可以肯定它会搭配领巾，领巾的两端会塞进胸前。

上身在正面中线处缝合或用别针固定。

长而尖的腰线让人想起 1770 年代和 1780 年代的款式，裙摆在背部和两侧却缝至新的位置——帝政式高腰线处。这种上身仍然需要搭配骨架支撑的锥形束胸衣（这种束胸衣在这几百年里始终主宰着女性躯干的轮廓），或搭配过渡风格的半束胸衣（half stays），也称短束胸衣（short stays），功能是包裹并提升胸部。因为当时的腰线要远远高于人体自然腰线，所以这类束胸衣长度大约只到横膈膜的位置；束胸衣有肩带，腰部有时也会延伸出小垂片，形制与早期的长款胸衣类似。

与前面的骑装式礼服一样，这套裙装的衬裙也很简洁，没有破坏裙装本身的风格。

英格兰，1780—1790 年，洛杉矶艺术博物馆
低领、尖腰线的上身，与大图所示罩裙修改前的原始外观和感觉相似。

丝绸裙装

约1785—1790年，洛杉矶艺术博物馆

十八世纪后半叶，条纹在女装中已经流行起来，在这件裙装上又被赋予了新的面貌。这件丝绸裙装上的斑马条纹表明人们对异国情调有着浓厚的兴趣，拿破仑的多次海外征伐，更是起到了推波助澜的作用。但是这一潮流并非始于人们的革命热情：1780年代，国王路易十六买了一匹斑马，那时人们就已经开始以这种不同寻常的动物的图案为基础进行发挥，广泛地应用在各类时尚服装上，下图就是一个例子。[18]

罩裙领口处露出宽松内衣的饰边，给这套裙装增添了一抹历史色彩，让人想起十六和十七世纪的时尚风格，以及法国旧制度时期（十六世纪晚期至 1789 年）的裙装边饰。

这样的裙装因轮廓柔和圆润而被称为圆礼服。上身和衬裙一体剪裁，长袍、衬裙和三角胸衣片从此不再分离。[19] 身前系紧使得背部平展不间断，同时将焦点聚集到高置的裙腰上。这件裙装的领口通过拉绳收束，使得新流行的高腰显得尤为突出。

尽管崇尚和模仿古希腊纯白雕像之风渐盛，但依然可以看到奢华的装饰。现存的古董服装告诉我们，十八世纪的富人们对金银的喜爱并未完全消失。这件晚礼服豪华的镀金丝线面料是直接从印度进口的，把十八世纪锦衣玉带的奢华与帝政式高腰线的流畅、精致结合在了一起。

裙摆底边上纷繁复杂的镶边饰带（passementerie）缀有金银亮片和亚麻网纱，营造出了一种有趣而又独特的错视效果。

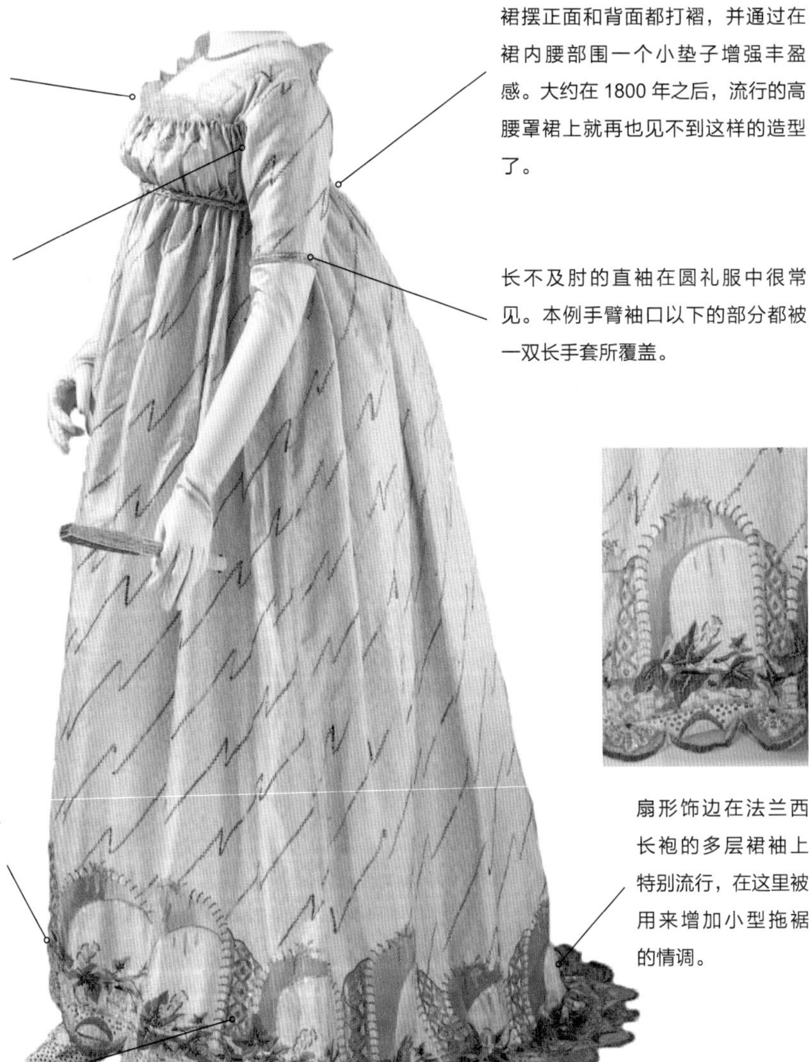

裙摆正面和背面都打褶，并通过在裙内腰部围一个小垫子增强丰盈感。大约在 1800 年之后，流行的高腰罩裙上就再也见不到这样的造型了。

长不及肘的直袖在圆礼服中很常见。本例手臂袖口以下的部分都被一双长手套所覆盖。

扇形饰边在法兰西长袍的多层裙袖上特别流行，在这里被用来增加小型拖裾的情调。

日装（圆礼服）

法国或英格兰，约1785—1790年，洛杉矶艺术博物馆

这件裙装展示时会搭配三角形披肩、领巾、绣花披巾这类常见的装饰，1790年代，人们常用它们来制造“鸽胸”效果，这种做法在二十世纪初还重新出现过。这件裙装还搭配了一件装饰性长围裙和一条宽大的红饰带，令新流行的高腰成为焦点。此外，裙装仍采用华丽昂贵的丝绸，呈现出十八世纪的奢华风气，在使用全新衣形轮廓的同时，也带着一丝熟悉感。

三角形披肩里罩裙的圆形领口通过拉绳收束，可以调整领口的形状与合身程度。

后摆打着箱式褶裥（box pleat），裙内腰线处的小衬垫可以增加裙摆的丰满度。

本例带花卉及条纹图案的鸭蛋蓝锦缎面料颇有年头，约生产于1770年左右。这件裙装很可能是用一件旧英格兰长袍改制而成的。

三角形披肩裹在裙装上衣上，在身前交叉，形成了这件裙装的一个抢眼特征。

袖子背面有切口，从肘部以下一直延伸到袖口。切口两边在手腕处由一颗扣子连在一起，略带炫耀地露出里面的褶边平纹细布。袖管前方袖口反折，风格庄重。

这种长及脚踝的装饰性平纹细布围裙，系在腰间三角形披肩交叉的下方，没有实际用途，因此没有上半身的部分。围裙前面用白线绣（whitework）绣出常见的象征爱的符号：一个顶部有皇冠的心形图案，四周围绕着小天使（putti），心形中间绣着“IXXR”，是圣母玛利亚名号的首字母组合。

围裙边上每一侧都有梭结蕾丝。

循环的植物图案为这条围裙提供了另一重美化，图案里有盆栽植物、葡萄串和野花等。

第四章

1790—1837

十八世纪末，女装发生了翻天覆地的变化：出现了一种全新的、简化的“自然”轮廓。新轮廓的产生部分源于法国大革命时期的政治动荡，部分源于玛丽·安托瓦内特和其他欧洲贵族（包括英格兰的德文郡公爵夫人乔治亚娜〔Duchess of Devonshire Georgiana〕）推崇宽松内衣式裙装。这里所谓的“自然”，是指裙装使用了轻盈、易于清洗（因此容易保持卫生）的面料，如平纹细布、棉、府绸（poplin）、细棉布（batiste）和亚麻布等。同时，还有受到古希腊罗马及更古老时代纯白雕像启发的帷幔造型和柱状结构。简单的发式，几缕精致的卷发勾勒出面部的轮廓，与十八世纪上流社会上粉的假发、浓妆涂抹的脸颊截然不同。

在一些极早也极不堪的描绘中，大胆的原法国贵族阶级女性（被称作奇女子〔Les Merveilleuses〕，与她们相对应的男性被称作奇男子〔Les Incroyables〕）穿着轻便的直筒式连衣裙现身巴黎街头，裙身紧贴着她们身体的各个部位，且内里没有束身的内衣打底；颜色鲜艳的长筒袜更显裙装面料的透明，叫人一览无余。传言说，有的女人甚至会弄湿衣服，使衣料更贴紧身体，透过极薄的衣料和低领口大方地展示胸部，不过这种更极端的做法只流行了一阵子，也绝不是普遍的。

1804 年，拿破仑登基成为法国皇帝，“帝政式高腰线”就是在他执掌督政府与所谓“法兰西第一帝国”时兴起的。拿破仑经常前往海外，尤其是他的埃及远征，引起了欧洲各地对异国纺织品和“东方主义”设计的兴趣（并大大增加了海外布料的进口量）。他的妻子约瑟芬，以及著名的时装设计师路易斯 - 希波利特·勒罗伊（Louis-Hippolyte LeRoy）也对当时的时尚产生了相当大的影响，引领了时尚潮流。这时的巴黎也再度成为重要的服装中心。[1]新古典主义的圆筒形罩裙，有着短款上身、略微隆起或直筒的袖子、长而直的裙摆，成为普遍而随处可见的衣着，只有宫廷中还能看到从旧制度时期延续下来的裙装风格。到 1797 年，有裙撑的裙装仍只在宫廷仪式和其他重大场合穿着。而且当时即使是有裙撑的裙装也经常搭配新风格的高腰设计，造成一种不同时代元素混合的奇特效果。

帝政式高腰裙装在欧洲迅速流行起来，在英格兰尤为受欢迎，因为其推动服装线条简洁化已经有一段时间了。帝政式高腰裙装使用轻薄的纯白色面料最初是时尚中的时尚，但在西方世界的大部分地区（包括美洲和澳大利亚，它们大体上跟随欧洲的时尚潮流）并不是一成不变的，而是逐渐在变厚重，先是使用了印花面料，继而越来越常用较厚实的深色面料。慢慢地，女性服装又开始捡起十八世纪时尚的一些核心元素：厚重的丝绸和锦缎、约束性更强的束腰胸衣，以及比过去二十年里任何时候都更为繁杂的装饰，这些都与新古典主义的简约理念截然不同。大约在

宫廷装
时装插画
1807 年
洛杉矶艺术博物馆

1814 至 1815 年前后，也即拿破仑被流放时，这种复古服装开始变得盛行，此前相当长一段时间以来，那曾掀起帝政式高腰风潮并维持它一直流行的革命乱局，已然失去了对时尚前沿的影响。在这个政治和社会相对安定的时代，时尚品味回归奢华。1826 年的一本出版物写道："要看起来像个沙漏，中间窄小，两头宽大。"[2] 可以预见，当自然腰线作为"沙漏"式时尚裙装的主要特征回归时，将纤腰突显到极致的审美也会随之而来；这意味着束腰胸衣将更紧身，衬裙层数将增多，相对自由的帝政式高腰裙装也将很快从时尚界淡出。想要塑造新流行的身形轮廓，第一步就是穿上新型的束腰胸衣，这种胸衣更长且使用鲸须（鲸骨）加固，中间有钢插骨提供额外的支撑。为了突出这种沙漏轮廓的特征，裙摆和肩部的宽度在 1830 年代迅速增大，再加上硕大的罩帽（bonnet），以及帽子下高耸而夸张的发型，成功地把人们更多的注意力吸引到身体中部。当时浪漫主义运动（约 1815—1840 年）日益兴起，所强调的梦幻、感性和壮美与启蒙运动所倡导的理性、简洁形成鲜明的对比。裙装需要增添不少巧思才能达到与这种风气相称的效果。

这一时期的头饰相对多变。早在大约 1800 年，就出现了小型的罩帽和简单的骑师帽（jockey cap），几乎受所有年龄段女性的欢迎。但当时宽檐帽也有一定人气，尤其是在 1810 年代后半。前面提到的东方主义的影响使得女式头巾帽（turban）也流行过一段时间，时装插画中可以看到它被用来搭配晚礼服。威廉四世的王后萨克森 - 梅宁根的阿德莱德（Adelaide of Saxe-Meiningen，1818—1849 年）喜欢这种打扮，这令女式头巾帽在英国更加流行。

这张 1837 年的时装插画展示了 1830 年代中后期的时尚头饰。1830 年代特别流行淡紫色、黄色和绿色的罩帽。如果戴着这种帽子侧身站立，超大的帽檐可以完全遮住佩戴者的面部。这一时期稍早之前出现的波克罩帽（poke bonnet）是这种风格发展到极致的象征，其前帽檐随时间逐渐上扬，以配合越做越高的时髦发型。这张插画还展示了俗称"挡片"（bavolet）或"帷幕"（curtain）的构造——连接在罩帽后面，覆盖在脖子上的布片[3]，1860 年代中期发网（fanchon）出现之前，这种设计一直流行。

至 1830 年代，原本流行的轻薄面料和精致配饰逐渐让位于维多利亚时代早期风靡的丝绸甲胄。法国大革命之后，人们的世界观再次发生变化，此后的十年是服饰史上一个较为僵化和保守的时期。

帽子和披风
时装插画
出自《品味：时尚杂志》
（*Le Bon Ton: Journal des Modes*）
1837 年，巴黎
作者收藏

1
2
3
4
5
6
7

棉布罩裙

1797—1805年，伦敦维多利亚和阿尔伯特博物馆

这是一件英国制造的罩裙，属于1790年代兴起的简约的新古典主义风格，它是这一风格现存例子中绝佳（而且罕见）的一例。该罩裙的所有衣表装饰都是通过布料本身的打褶和立体剪裁创造的，没有刺绣、珠饰或蕾丝，与英格兰人崇尚的简约理念一致。这意味着本例既具有古典的优雅之美，又具有耐穿和实用的特质。

在白天，深而圆的领口会用一条三角形披肩覆盖，展现了这种英格兰着装风格的端庄与实用。背部领口则相对较高，高至颈部。

结环袖（looped-up sleeve）是一种常见的具有装饰感的袖子。在这个例子中，袖子是双层的，外层套袖盘起并用扣子固定，露出内层朴素的袖子。内层袖子长度刚过肘部，袖口以一根拉绳束紧。

裙摆采用前围裙式（apron front）设计，两边有开衩，与前围兜式上身相连，腰部用带子系起。这种样式听起来复杂，实际上既简单又利落，套头的上身不需要开口，因此也不需要用扣子或别针固定。

在裙装后面可以看到一个极短的拖裾，源自背部中央面料略微聚拢的部分。这一拖裾符合当时对朴素和卫生的追求。

前围兜式（bib-fronted，又称前落式［fall-fronted］，或前坠式［drop-fronted］）上身的固定方式，可以确保无论从哪个角度看，裙装都是整洁利索、一体成型的。上身正面与裙摆相连，侧面以系带或扣子固定在图中所示的位置。一条简单的乳白色亚麻腰带凸显出新潮的高腰设计。

背部腰线稍低，呈圆弧状，裙摆在背面中部略微收束，此处会垫上一个小臀垫，以更显丰满。

吉尔伯特·斯图尔特（Gilbert Stuart），《玛丽·巴里》，约1803—1805年，华盛顿美国国家美术馆

这幅肖像画与大图中的棉布罩裙年代大致相同，特征也相似：短套袖系在肘部以上，袒胸露肩，领口低而浑圆。

平纹细布裙

可能来自印度，约1800—1805年，洛杉矶艺术博物馆

这件裙装有两个重要的风格元素，一是从穿着时的形状和效果上可以看到古希腊罗马的影响（比如古希腊的希玛纯大长袍——带垂褶的整块矩形织物；古罗马的帕拉［palla］——一种用胸针固定的帷幔造型的披风）；二是从面料的选择上可以看到印度对时尚的影响。

本例的腰线比上一例高，胸部明显被向上提、向外推。要实现这种效果，需要专门设计的用来提升胸部并为上半身提供支撑的新式束腰胸衣。

这一时期印度平纹细布在每一位女士的衣柜中都占有重要地位，哪怕是对时尚不甚在意的也是如此。简·奥斯汀就曾在《诺桑觉寺》（1818年）中嘲笑印度平纹细布“巨大”的重要性：“如果知道男人的心很少为那些昂贵或新潮的服饰所左右，也很少为平纹细布的质地而动容，许多女士会觉得感情受到侮辱。”[4] 脆弱感似乎是这种布料的主要魅力所在，也说明它只适合那些生活方式精致、注重优雅、有能力频繁洗衣的女性。

这种小型串珠网袋（reticule）是流行的配饰，其形状和图案多种多样。

精美的佩斯利（paisley）花纹披巾很可能也来自印度，是当地专门面向西方出口的产品。

平织工艺（woven-in design）的流行意味着在市场上也能买到深色、实用的平纹细布，若要在布上添浅色的优雅图案，比如简单而低调的波点纹饰，可以直接绣在布料上。白色在相当长一段时间里仍然是人们钟爱的颜色。整个裙摆上都饰有白线绣，我们可以看到细小精致的手绣叶形图案。

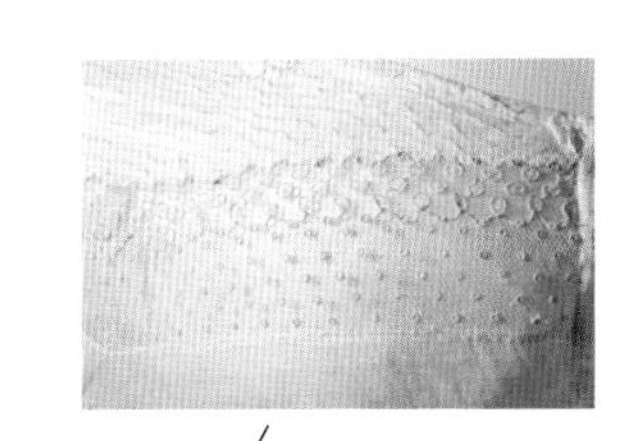

1805至1806年左右，日装和晚礼服都流行带拖裾。十九世纪初，小臀垫有时会被垫在裙摆下腰部的位置，以撑起裙褶并使其流泻而下形成拖裾，增强了裙装线条柔顺的流畅感。[5]

精致的刺绣网纱是上身正面的主要装饰。使用网纱作为罩层，且通常覆盖整件服装的做法，将在接下来的二十年里一直流行。

早期这类罩裙的袖子比较简单，比如图中这件，采用的是直裁、长不及手肘的设计。裙装上身的背部很窄，两侧袖孔通常挖得很深，袖窿的边缘几乎要在后背中央碰到一起。

上身做成围兜式，使罩裙背部光滑平整，为装饰提供了空间。

雅克·路易·大卫圈中好友创作的这幅《白衣少女》（1798年，华盛顿美国国家美术馆），与他本人的名作《雷卡米尔夫人》中女子的衣着，都是早期帝政式高腰风格裙装的绝佳例子。

丝绸斜纹晚礼服

1810年，蒙特利尔麦考德博物馆

从英格兰摄政时期早期罩裙的一片雪白，到1810年代末的饰边、荷叶边，这件优雅的晚礼服集中体现了这前后两股流行风潮之间的过渡特征。晚礼服是水仙花色（jonquilla）的，这种颜色因一种水仙而得名，在十八世纪上半叶特别流行。

方形低领是这一时期罩裙的典型特征，同时流行的还有圆领及交叉领。围裙式裙装上衣收紧的方式很大程度上决定了领口的形状。上身前后都用拉绳收束，使其更贴身。

袖子的丰满源自其背面的褶子，正面仍保持平整。

虽然此处高腰线的位置并不像早期款式那么极端，但仍然强调胸部的提升感。一条简单的乳白色腰带在后背中线相交并系成一个蝴蝶结，勾勒出腰线的位置，也统一了裙装的装饰配色。

裙摆正面是一整片矩形布块，侧缝线靠后，使得裙摆两侧形成一定的弧度。这种拼片技术展现了裙摆越来越宽的流行趋势，从 1813 年开始，这一趋势更加显明。[6]

和这一时期大多数的裙装一样，裙摆没有拖裾。

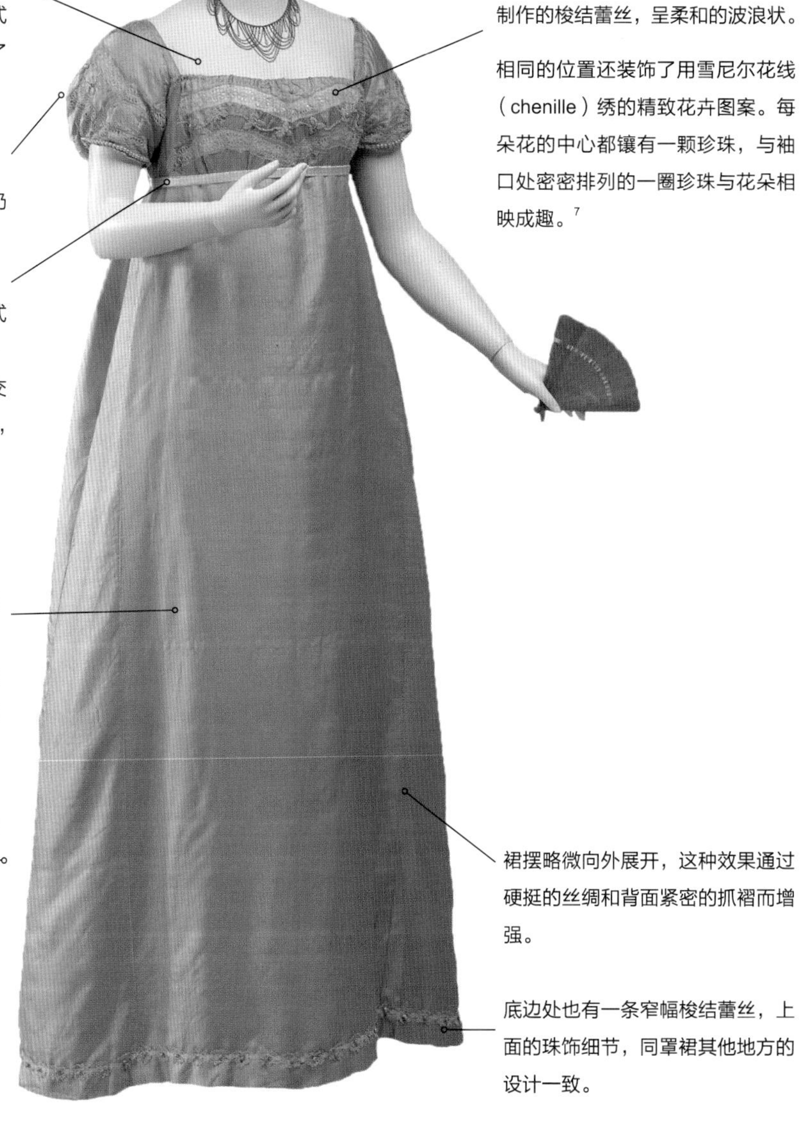

上身的正面和衣袖上都装饰着手工制作的梭结蕾丝，呈柔和的波浪状。

相同的位置还装饰了用雪尼尔花线（chenille）绣的精致花卉图案。每朵花的中心都镶有一颗珍珠，与袖口处密密排列的一圈珍珠与花朵相映成趣。[7]

裙摆略微向外展开，这种效果通过硬挺的丝绸和背面紧密的抓褶而增强。

底边处也有一条窄幅梭结蕾丝，上面的珠饰细节，同罩裙其他地方的设计一致。

斯宾塞短外套和衬裙

1815年，洛杉矶艺术博物馆

这组1815年的衬裙和斯宾塞短外套（spencer jacket）搭配已经开始使用1820年代和1830年代早期流行的饰边和荷叶边，但也体现出浓厚的历史感。此外，尽管拿破仑战争时期英法两国存在冲突，但法国人仍对简朴的英格兰服饰心怀憧憬（有时被称作“亲英热”），因此许多裙装也采用了英式军装制服的元素，如下面这套。

人们认为是拿破仑的妻子约瑟芬·波拿巴将一些历史元素重新引入裙装。比如本例中，我们可以看到伊丽莎白时代的拉夫领在十九世纪早期的重新演绎。拉夫领原本是紧胸衬衣（chemisette，或称骑马衬衣）的一部分。[8] 本例拉夫领通过带子固定在裙装上身上，用来遮挡穿超低领的罩裙或带上身的衬裙时露出的前胸。

另一个历史元素是精心制作的泡泡袖，它来自意大利文艺复兴时期的女装。泡泡袖末端的带状袖口用自包扣扣合。

这条半身裙是衬裙。衬裙在当时并不一定指内衣，也可以指与其他衣服（比如短外套或罩裙）一起穿的任何一件独立的半身裙。这里的衬裙用钩眼扣固定在斯宾塞短外套的内置腰带上。

这件斯宾塞短外套有双排扣和装饰性翻领，非常明显是受到了军装的影响，表现了拿破仑战争遗留下的一种时尚潮流。

阿格诺罗·布龙奇诺（Agnolo Bronzino），《年轻的女人和她的幼子》，约1540年，华盛顿美国国家美术馆

灵感来自文艺复兴时代。

散步裙，1815年，法国，《美人汇》（*La Belle Assemblee*），作者收藏

皮长外衣（pelisse）和斯宾塞短外套在当时非常流行，斗篷和披肩也是这一时期人们常用的换穿选择，在气候寒冷的地区更是如此。这件披肩也受到军装风格的影响，并进行了更富女性化的诠释：披肩长度改短，系在颈部，上面有时会连着袖子和高领。这张图片中，小立领是另一个军装元素，流苏（tassel）和绒球（pompom）也是。上述设计可能源自人们长期以来对漂亮的胡萨尔骑兵（Hussar，匈牙利轻骑兵）军装的兴趣。[9]

晚礼服

约1815年，蒙特利尔麦考德博物馆

这件晚礼服见证了女装从简约质朴逐渐走向丝质、镶边、满是缎带的颓废风格。
虽然它属于早期款式，尚未奢靡到极致，却已能清楚地看到此后的变化轨迹。
穿这件礼服时会戴小山羊皮或素缎的长手套，并搭配项链和扇子。

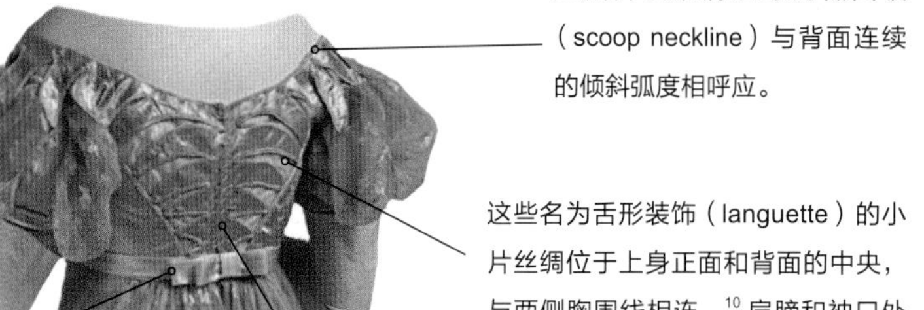

袖子、上身和裙摆底边上反复出现复杂的丝绸剪花（cutout）图案，与前十年流行的简单低调的裙装差异显著。

正面开至双肩边缘的低圆领（scoop neckline）与背面连续的倾斜弧度相呼应。

这些名为舌形装饰（languette）的小片丝绸位于上身正面和背面的中央，与两侧胸围线相连。[10] 肩膀和袖口处的舌形装饰衬托着极薄的透明硬纱（organza）隆起，让人想起文艺复兴和伊丽莎白时代的袖子设计。

这一时期，晚礼服有时会配饰带，在背部系成蝴蝶结。这里的腰带上只有一个蝴蝶结，使焦点聚集在上身的表面细节和裙腰处的抓褶上。蝴蝶结的厚度与填充过的缎面袖口、裙摆底边装饰一致。

另一处历史元素是背部以一条香槟色长绳做出假的交叉系合效果。上身正面有与背后相对称的剪花图案，中间也是一列交叉系带装饰。

透薄的外裙能展现浪漫主义的梦幻，并绣有精致而闪亮的叶形图案，与裙袖上同样的图案相呼应。随着 1808 年织造珠罗纱（bobbin-net）的织机问世，用纱布或网纱做装饰物，甚至是整件衣服的覆盖层，都变得轻松了。[11] 六角网眼薄纱（tulle）和绉纱（crepe）也常用来覆盖素缎、天鹅绒、丝绸和里子薄绸（sarsenet）等面料的裙装。

素缎和厚重的塔夫绸丝带包边支撑起裙摆，并使其变硬，与覆盖层的柔软纱布相映成趣。这两种效果的结合，代表督政府时代（1795—1799 年）风格正逐渐过渡到维多利亚时代风格。

填充着少量垫料的滚条为裙摆底边收边，特别符合当时的流行趋势，这股趋势在 1820 年代达到顶峰。

塔夫绸日装

1823—1825年，蒙特利尔麦考德博物馆

与上一例相比，这件裙装增添了大量边饰，增加了轮廓上下两端的宽度，展示了1820年代初期至中期的一些时尚特质。在袖子细节和腰部的设计上，也反映出历史元素的影响。

领口宽大、呈方形，开到肩部边缘处，用带子收束。

带素缎舌形装饰的泡泡袖不仅延续了本章其他服装上均可见到的历史复古风潮，也展现出1830年代裙袖继续加宽、加长的趋势。这种宽大、华丽的套袖叫作曼丘洛装饰袖（mancheron），在十八世纪晚期被肩章袖取代。[12]

裙装背面的装饰由背部中央的玫瑰花结和飘逸的缎带组成，更轻盈也更具女性特质。

与早期的帝政式高腰风格不同，这件下裙只由几片布块拼片剪裁而成，不只在背部收束，也在腰际四周收束，保持周身一致的丰满度，使罩裙的衣表装饰呈现出最佳效果。

这件华丽日装是所谓底边浮雕（hem sculpture）装饰的绝佳范例：底边上的隆起和加垫的舌形装饰营造出坚实的、建筑物般的立体感。以往的日装不会使用这么多装饰，但是这个时代，裙装的钟形轮廓日趋显明，为大量的装饰提供了空间。

底边有一条加垫塔夫绸带。这种边饰名为“滚条”，是这一时期的另一种常见装饰，能够增加衣服的重量，也能衬托并支撑上面的舌形装饰。

胸前的素缎带拼成蝴蝶结状，视觉上增加了胸部轮廓的宽度。袖子上也有这种缎带，以强调喇叭形的修长袖口。

这里腰线有所降低，但还不及当时最流行的款式那么低。这件裙装可能是用旧衣改制的，或是刻意营造出怀旧的风格。无论是哪种情况，其腰线都是用一条塔夫绸宽腰带来凸显的。[13]

约翰·贝尔（John Bell），时装插画（乘车出访服），英格兰，1820年，洛杉矶艺术博物馆

这件皮长外衣有与大图相似的舌形装饰，不同的是此处的舌形装饰从底边处一直顺着大衣排了一整排。

塔夫绸日装

1825年，悉尼动力博物馆

这件裙装浅玉色的主体面料把深粉色的装饰衬托得更加鲜艳夺目。当时很流行单用一种抢眼的主要装饰，下图中不乏历史感的边饰就是很好的例子，重现了十七世纪名为凡·戴克，或称凡·戴克角、凡·戴克边饰的三角形装饰。

十九世纪早期，许多首饰的设计都反映出人们对考古学的兴趣。例如这条带有浮雕图案且镶有小块珠宝的金项链，就深受古代和文艺复兴风格的影响。[14]

这时的腰线几乎降至人体腰部的自然位置，并向后稍稍倾斜，这里同时也是裙装通过钩眼扣扣合的位置。这一时期的许多裙装也会内置细绳，用来把裙装拉得更贴身。[15] 一条浅色的与裙装其他部分相同面料的宽腰带勾勒出腰身，低调而巧妙。宽裙腰或腰带在这一时期很常见，起衬托女性纤腰的作用，而纤腰本身是通过新式束腰胸衣和拉紧系带实现的。

带填充物的底边浮雕装饰采用充满活力的粉色丝绸，选用了与袖口细节相似的设计，但也有自己的特色。凡·戴克角两端有三条滚条，底边处另有一条更粗的。

高而宽的圆领营造出宽肩的视觉效果。左右两肩的衣料都做了收束处理，饰有相配的粉红镶边。

半羊腿袖（demi gigot sleeves）越往袖口越细，袖口紧贴手腕。这种形状和宽窄比例的袖子从1820年代中期开始越来越流行。

袖口和底边上的凡·戴克角当时非常流行，赋予裙装一种十七世纪的韵味。成排的尖角装饰也被用在蕾丝上，称作横饰带（frize，十八世纪时被称为 cheveux de frize）。[16]

裙摆背部紧凑地收束着，创造出丰满感，但没有拖裾。

夏装

1830年，洛杉矶艺术博物馆

这件夏装展现了1830年代的一些典型时尚特征，特别是超大的袖子、更宽的裙摆，以及自然位置的腰线。朴素的面料使得这些特征清晰可见，白色衣料在1830年代始终很受欢迎，人们特别喜欢用它来做晨服和晚礼服。

十七世纪中叶，隆起的气球形泡泡袖卷土重来，在 1830 至 1831 年达到了夸张的尺寸。为了保持袖子的形状并提供支撑，时髦的女性不得不在袖内添加一对袖撑（sleeve support），又称普朗珀（plumper）或袖泡（puff）。[17] 袖撑通过束腰胸衣的带子固定，可以根据衣服的形状和穿衣的场合调整尺寸。早在 1820 年代，一些裁缝就开始将类似的特征融入罩裙——尤其是舞会礼服和晚礼服的袖子中，有时裙袖中会有一组内置系带，通过调整系带可以控制袖子的尺寸和位置。下图很好地展现了本例裙装里面会穿些什么。

女用束腰胸衣、衬裙、袖撑，约 1830—1840 年，洛杉矶艺术博物馆

领口呈圆形，高低适中，颈部裸露较少，很适合日装。晚礼服的领口一般要低得多，将大片肩部裸露在外。

与上一页 1825 年的例子一样，上身布料在肩膀处收束，只是本例的镶边是素面的。

本例的焦点是气球形的大型羊腿袖。这对羊腿袖成功达到了裁缝的预期，使肩膀与底边同宽。

胸部有细小的抓褶，形成一个优雅的扇形，把人们的目光吸引到细腰上。

尽管时装插画显示这个时代崇尚低腰、细腰，但实际上在很长一段时间里，许多女人仍在穿高腰罩裙。社会上真实的流行风潮要比巴黎“高级时尚”资讯里最新理念的变化速度慢许多，地方上的裁缝或家庭裁缝总是过一段时间才学起来。

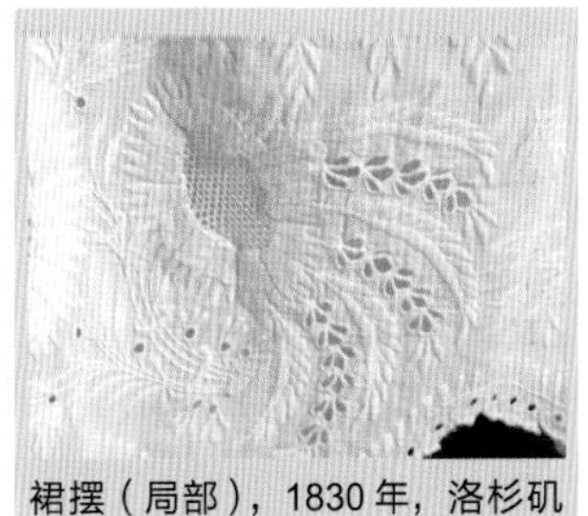

裙摆（局部），1830 年，洛杉矶艺术博物馆

展示了绣于棉布上的英格兰刺绣（broderie anglaise），也称雕绣（cutwork embroidery）。

丝缎婚礼礼服

1834年，悉尼动力博物馆

这套婚礼礼服是历史上浪漫主义魅力的一个缩影，其轻盈精致的外观却是通过增加内衣件数来营造的。本例还配了一个使裙摆更为丰满的小臀垫。

摄政时期披巾的热度持续不退；本例这件边缘有独特的几何图案。

这套婚礼礼服的罩裙上重要的历史元素主要有上身的蝴蝶结和菱形镂刻装饰[18]，让人回想起十八世纪的三角胸衣片，以及当时在胸前从上往下阶梯般排列多个蝴蝶结的做法（称作 eschelles）。

宽大的船形领口（bateau neckline）优雅地从肩膀上滑落，衬托着狭长披肩（pelerine）和袖子上从上至下逐渐变宽的隆起部分。

衣袖分成三段。下段和上段（连接肩部处有弹带形褶裥）细窄贴身，夹着中段 1830 年代典型的气球形羊腿袖。

这时的腰线更接近人体腰部的自然位置，在很多款式中，正面腰线会做出一个尖点，这种设计在 1840 年代会变得非常流行。[19]

这种风格的下摆要比之前几个例子的更宽、更硬，呈喇叭形，与肩同宽。

雅克·威尔伯（Jacques Wilbaut），《假定的舒瓦瑟尔公爵和两个伙伴的肖像》（局部），1775 年，承蒙保罗·盖蒂博物馆的“开放内容项目”提供的数字图像

芭蕾舞应该对 1830 年代初的女性服饰产生过影响。意大利舞蹈家玛丽·塔里奥妮（Marie Taglioni，1804—1884 年）可能是推广短裙摆的功臣，舞者裙摆稍短可以展现芭蕾舞的足尖技术。在芭蕾舞剧《仙女》中，塔里奥妮穿的舞裙轻柔且鼓起，长及小腿中部，完全展露出她脚上的舞鞋。芭蕾舞裙与当时大多数罩裙风格相似，仅有裙摆更短、使用的布料更透明等较显著的差异。

丝绸日装和披肩

约1830—1840年，悉尼动力博物馆

这件裙装和披肩于澳大利亚殖民时代早期（约1835—1837年）制作并使用，模样与当时欧美的时尚风格紧密关联。此处的披肩也可称作狭长披肩，它能维持肩线的宽度，塑造出一个平滑圆润的轮廓。

这件裙装符合 1831 年时尚杂志《美人汇》（*The Belle Assemblée*）上的一段记录："裙装要搭配与裙装主体同料的大狭长披肩。正面形状如三角形披肩，两端低垂；背后有尖角，两肩也裁出锐利的尖角。狭长披肩边缘有丝绸包边。"[20] 像本例这样，用与裙装主体相同的面料制作狭长披肩的做法流行了很长一段时间。

腰线下降，更贴合身体。之所以能呈现这样的效果，部分原因是当时出现了在上身内加骨架的做法，一开始加在正面，后来两侧缝线处也加了。[21] 宽肩和喇叭形下摆也凸显了纤细的腰部。

此时的裙摆形状简单，由矩形布块拼接而成。

这一时期裙装的钟形轮廓通过在下摆加衬以增加重量、挺度来保持。裙摆除了变得更宽大外，长度也增加了，达到了脚踝以下。

披肩下的裙装上身采用落肩式设计，领口宽而浅。上身正面前方有大半被披肩遮住，但仍能看见领口下方到腰线上方的弹带形褶裥，与袖子的造型相呼应。[22]

羊腿袖的宽度达到这一时期的典型尺寸。这种袖子的体积太过巨大，制作相搭配的外套难度较高，因此披肩是一个颇受欢迎的选择。

肩部和袖口上的弹带形褶裥增加了袖子的丰满度。

裙摆在裙腰四周打褶，增加了体积感及外展的幅度。

第五章

1837—1869

从许多方面来看，1840 年代的罩裙都比此前和此后的要笨重得多。尽管同 1820 年代和 1830 年代有着隆起和饰边的裙装相比，1840 年代线条流畅的长款裙装的确少了很多装饰，但是穿着时对身体的限制却更大。1830 年代的裙摆长及脚踝，腰部丰盈；1840 年代服装则开始转为流行沉重的裙摆和勒紧系带的长款裙装上衣；1850 年代和 1860 年代，这些又被新出现的高腰设计和能让人相对自如活动的克里诺林裙撑（crinoline）所取代。查尔斯・达尔文的孙女，格温・拉弗拉（Gwen Raverat）在其回忆录《碧河彼时：我的剑桥童年》（*Period Piece*）中写道：

> 有一次，我问艾蒂姨妈，穿克里诺林裙撑是什么感觉。“噢，太令人愉快了，”她说，“我从没穿得这么舒服过。它可以防止衬裙缠住腿，走起路来很轻快。”[1]

从 1830 年代晚期开始，人们就通过穿数层衬裙为裙摆定型，并以各种方式硬化衬裙：塞马毛、插藤条或加衬垫，加衬垫的款式还经常做成绗缝衬裙。1830 年代末又引入了荷叶边增强硬化效果。这样制成的丰盈打褶裙摆要搭配用交叉系带勒紧的长款裙装上衣，凸显盈盈一握的纤细腰身。肩线位于上臂，裙装上衣前胸呈扇形的设计流行，吸引人们目光沿着躯干的前方一直向下，直至锥形腰线的细长 V 形尖端处。裙摆略微展开呈钟形，与肩部呼应，衬托腰身。虽然钟形轮廓热度有所减退，但仍一直流行，比起 1830 年代时兴的极端尺寸有些许调整。由于这些原因，再加上当时特别不流行衣表装饰（尤其是日装），可以说 1840 年代的女装款式看起来有些呆板。然而 1838 年在伦敦首次出版的实用的《女工指南》（*Workwoman's Guide*），提到了这一时期的多样性：“罩裙或长，或短，或中长；或朴素，或丰满；或前开口，或后开口。”[2] 它们可以做成“法式高身”“希腊式低身”和“普通低身”等各种模样。女性穿衣“要注意服装的细节，这些细节提升了女性的淑女气质”，因为“让自己的外表变得赏心悦目……并不一定要靠虚荣和轻浮来实现”。[3] 1830 年代末和 1840 年代初，按照《女工指南》的说法：“令人赏心悦目的衣装，外表会用素缎、真丝、纱布的带子或滚条……隆起的造型、饰边或荷叶边……包边、与罩裙使用同一种面料的带子……有时还有打褶的丝带或蕾丝装饰。”这些装饰用料通常与罩裙主体面料相同。人们偏爱深色衣料，鲜用衣表装饰，再加上全衣整体素雅而低调——在现代人看来，也就是不起眼——的确，正如当时“一位美国女士所著”的《女士礼仪手册》（*Hand-Book of Etiquette for Ladies*, 1847 年）告诉我们的那样：

马修·布拉第摄影
衬衫和裙子
约 1865 年，美国
美国国家档案馆

“最朴素的衣服总是最讲究的，穿着朴素的女士永远不会穿得过时。”[4] 严肃而勤朴的形象是最可敬的，这并不是 1840 年代特有的说法，但在这十年里，这种态度似乎格外常见。

有意思的是，尽管这一时期的审美趣味比较朴素，但考虑到服装技术和大规模生产方面的进步，人们在服装上的选择越来越多。在英国，工业革命对女装和女装裁缝都产生了深远的影响。十八世纪的创新，如珍妮纺织机和走锭细纱机，以及为纺织厂提供动力的动力织机和蒸汽机，都为十九世纪更进一步的发展铺平了道路。这些机器促进了纺织品的生产，加快了向公众推广新时装的节奏；印刷技术也得到改进，促进了时尚报纸、杂志，以及时装插画在公众间传播。就连在束腰胸衣方面，技术革新的影响也值得注意：十九世纪以来一直流行相对简单的束胸衣，到了 1840 年代末，法国研发出一种新式的束胸衣，由七到十三片单独的布料组成，通常身体两侧大致各有五片，胸部或臀部没有三角形插布（gusset），以塑造出更贴合腰部的贴身剪裁。[5] 胸部完全由鲸骨提供支撑，也就不再需要肩带了。

1850年代很特别，是历史上无人不知的早期服装改革的时代。阿米莉娅·詹克斯·布卢默（Amelia Jenks Bloomer）和朋友利比·史密斯（Libby Smith）希望说服美国女性放弃在束腰外衣下穿长裙，而改穿“土耳其”风格的灯笼裤，即布卢默裤（bloomer）。布卢默通过创办女性报纸《百合花》（*The Lily*）、面对面的演讲，以及演示穿着方法等手段，将这种大胆的新式分叉服装——“为女士设计的长裤”推广于世。[6] 虽然她们的努力引起了人们的兴趣，一些人也希望更深入地了解这种服装，但主流社会却完全没有准备好接受如此剧烈的变化。布卢默提倡做“理智”的女性，质疑十九世纪中叶公众对女性应有形象的看法，比如狄更斯在《埃德温·德鲁德之谜》中所写的那样，一个女人应该被看作是“主持家庭幸福的天使”[7]；这种民粹主义的态度根本不鼓励女性效仿布卢默。

尽管有这场服装改革，十九世纪中叶却始终保持着用束腰胸衣塑造纤腰的做法，束腰训练也是从这一时期开始流行的。对于十九世纪后期的服装改革者来说，这是一个严重的问题，早在1840年代，就有人质疑束腰训练是否明智。纵然广受欢迎的《戈迪女士》（*Godey's Lady's Book*）杂志在1851年宣称，“使用僵硬束胸衣的时代已经过去了，而且我们相信永远也不会再回来，当代的名媛要么不穿束胸衣，要么穿几乎不带鲸骨的”，但是“女性对盈盈一握小腰肢的追求永无止境”。[8] 女性即使不把系带勒紧到极致，也会穿非常紧身的束胸衣，并将之视为时尚裙装上衣不可或缺的美感基础。这样做完全无视了医学及时尚界的忠告——穿过紧的束胸衣有违健康常识。

这一时期，女性并不只穿一件式裙装。从1850年代开始，短款的巴斯克衫尽管仍搭配半身裙穿着，以形成整体的效果，但在结构上与下身服装分离了。1860年代，人们开始穿独立的“裙装上衣、女式无袖紧身胸衣或坎兹上衣（canezou）”，配以半身裙，这也许与早期休闲服饰的流行或运动装的出现有关。这些“束腰的上衣”在现代人看来很像衬衫（blouse），不过“衬衫”一词直到十九世纪末才开始使用。前面那张照片上的年轻美国女子穿的就是这种服装，尽管美国在跟随欧洲最新潮流方面比较迟缓，但她的衬衫却似乎很是新潮。然而美国人最初采用这种束腰的上衣可以说是出于实用而不是时尚目的。美国内战（1861—1865年）时期，生活在南方的美国人拥有的资源有限，裙装的上身坏了，下摆还会继续使用，与这种新式上衣搭配着穿。[9] 久而久之，这种偏实用的做法变成了时尚，束腰的上衣变成了加里波第衫（Garibaldi），在女性尤其是年轻女性当中流行起来。加里波第衫灵感来自朱塞佩·加里波第的追随者所穿的红衫，由于与帝政风格时期的短外套很相似，有时也被称为斯宾塞短外套。这种上衣通常用深色面料制成，样式多变，让女性衣柜的内容变得更丰富多样。这种半身裙加上衣的穿法，常会配一件瑞士束腰（Swiss waist），瑞士束腰前后都呈尖角状，通常是黑色的，有助于凸显小蛮腰。

在英国，深受欢迎的丹麦公主亚历山德拉带动了几股时尚风潮。1863 年 3 月 10 日，她嫁给维多利亚女王和阿尔伯特亲王的长子爱德华时，穿了一件由沃斯（Charles Frederick Worth）设计的用英格兰丝绸制成的礼服，呈白色，在霍尼顿蕾丝（Honiton lace）和银色刺绣的装饰下显得无比华丽。使用克里诺林裙撑能使这种精致的英格兰丝绸得到最佳的展示。Crinoline 这个词源于 crin，最初指用来硬化衬裙的马毛，后来逐渐用来指某种架子，起初是用鲸骨裙箍一圈圈水平搭造的，越往下尺寸越大，令底边成为一个巨大的圆。[10] 1860 年代，克里诺林裙撑的结构和形状随着时尚而改变，但基本的“笼子”形状依然存在。从某些方面来看，此时女装时尚变得越来越极端、越来越不实用，克里诺林裙撑在其中起了不小的“作用”，而它也成为十九世纪中期最令如今的我们难忘及遐思的一大历史奇景。

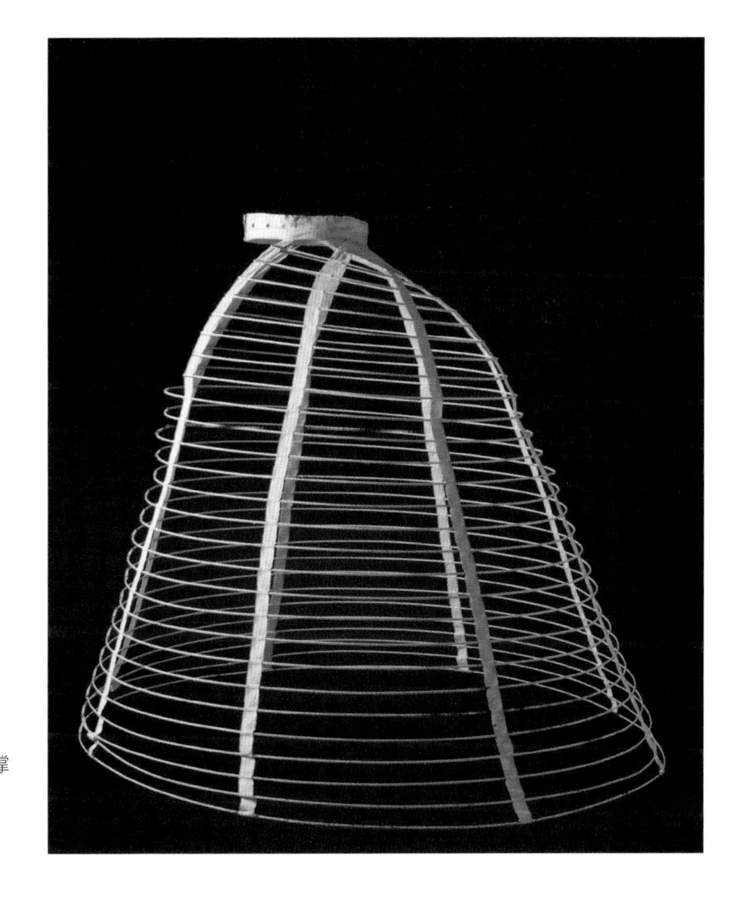

女式笼形克里诺林裙撑
约 1865 年，英格兰
洛杉矶艺术博物馆

裙装

约1836—1841年，蒙特利尔麦考德博物馆

这件巴雷格纱罗（barège，一种极薄的轻质纯羊毛面料）日装腰部纤细，袖窿低垂，预示了女装在1840年代将会有更强的束缚性。另外，裙装上的叶形印花图案轻盈浪漫，让人想起十九世纪头几年很流行的柔软自然的设计。

这种宽而深的领口，符合 1830 年代常见的形制，边缘几乎滑至肩膀以下（通常位于晚礼服式裙装上衣手臂顶端），领口下方的深褶裥引人注目。

尖形腰线是贯穿 1840 年代、1850 年代和 1860 年代女性裙装上衣的重要特征。这件裙装的尖形腰线用显眼的绿色和紫色双层管状装饰勾勒出来。

此时，裙装上身内有骨架，起额外的塑形和支撑作用。下摆正面是箱式褶裥，背面打着较细密的暗褶，以增强裙装的体积感。

下摆一侧有丝绸包边，呈扇形，点缀有丝绸蝴蝶结。这样大的装饰量显然带有 1830 年代的余韵，到 1840 年代和 1850 年代就越来越少见了。[12]

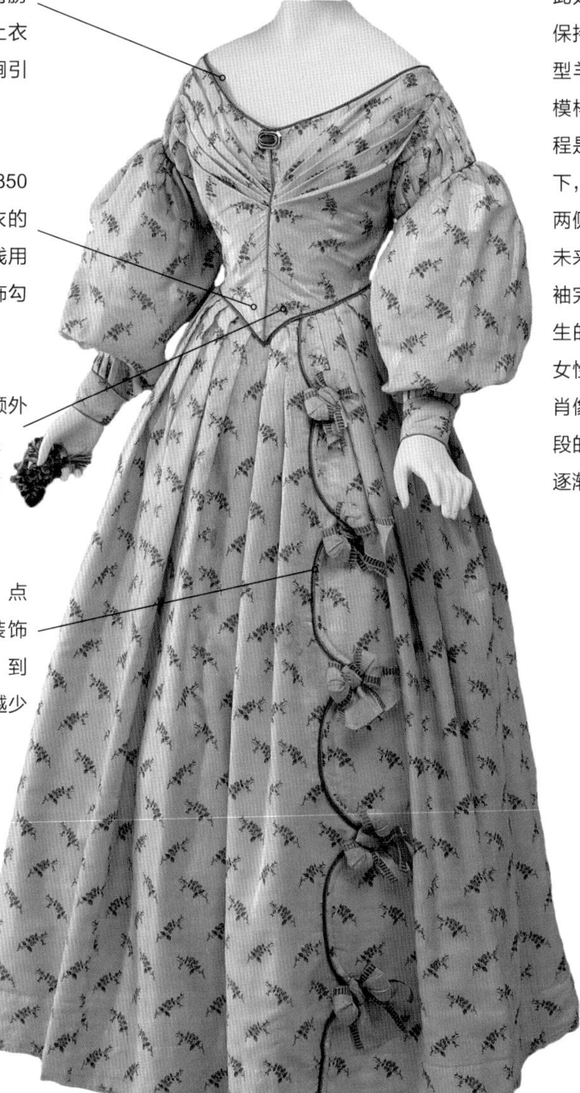

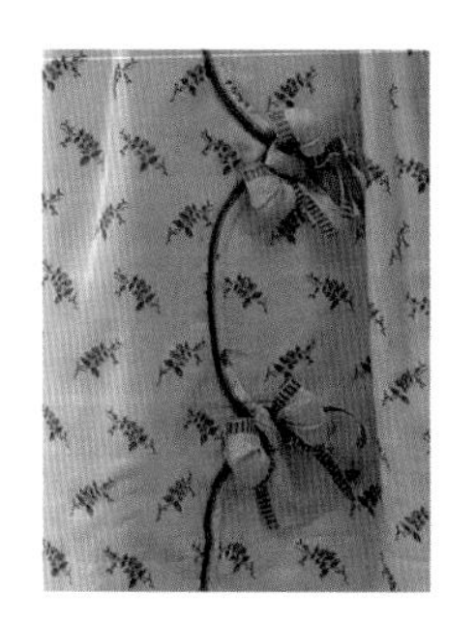

此处的袖子只有上臂和手腕之间还保持丰盈的造型，很好地反映出大型羊腿袖在 1836 年后变成了什么模样。[11] 当时裙装肩袖处的演变过程是：膨起的位置开始滑到肩膀以下，不久之后就完全消失了。袖管两侧衣料会打褶以贴合手臂，暗示未来袖子的造型将与原本的宽袍大袖完全不同，也预示了这种设计产生的溜肩效果将会成为 1840 年代女性体态的一个重要特征。下面的肖像画展示了形状类似的衣袖：中段的巨大膨起保留了下来，但整体逐渐向更加简约发展。

弗雷德里克·伦道夫·斯宾塞（Frederick Randolph Spencer），《女士肖像》，美国，1835 年，洛杉矶艺术博物馆

绿色丝绸裙装

约1845年，匹兹堡希彭斯堡大学时尚博物与档案馆

这件最近修复的日装采用双面丝缎面料，这种面料一面是深绿色，另一面是明亮的粉红色，呈现出一种美丽的多变性，从大约1845年开始，就是非常时尚的选择了。

高立领流行于1848到1852年之间，后来，1850年代和1860年代的日用服装由圆领独领风骚。图中的衣领曾在1840年代拆去，后又重新装上，以便将裙装从后开口改为前开口。这种改动在现存的古董裙装中很常见，让我们确切体会到普通人是如何随潮流改变而反复改制旧衣，以继续使用的。[13]

极短的装饰性骑师套袖（jockey oversleeve）有时会用来盖住袖子顶部的褶裥和结构性褶皱，本例中还为装饰提供了空间。

此处躯干部分明显变长，呈倒锥形，数年前流行的还是高腰罩裙，不得不说是一种戏剧性的变化。

达盖尔银版照片，1845年，承蒙保罗·盖蒂博物馆的“开放内容项目”提供数字图像

照片上，一位女士穿着与大图结构类似的裙装，有骑师套袖、高领口、打着褶裥的扇形前身裙装上衣。

裙装上衣前片布块呈宽大的扇形，从肩部向下延伸，到腰部收束，把人们的视线吸引到细腰和低肩上。裙装上衣为后开式，让正面的设计得以平滑流畅地展示出来。

袖子低垂，肩缝相对靠后。

1840年代，衣服上边饰较少，这件裙装大部分的装饰就是罩裙本身的褶裥。1840年版的《女工指南》指出，丝绸裙装搭配包边、与“罩裙同料”的其他装饰，看起来不错。[14] 本例使用这种方法令裙装呈同一种色调，没有任何杂色，具有强烈的整体性。

钩眼扣将紧身袖口固定在手腕上。

每颗扣子上都有一粒用丝线包住的小橡子。橡子富有象征意味，让人联想到希望、潜力、权力，以及男女性事和生育能力。[15]

裙摆通常由七片以上的布块制成，每片通常都很窄。在理想情况下，这些布片可以缝合在一起，不必露出前方中央的缝线，但有时无法避免。装饰性布块可以用来掩盖前方的缝线，不过在本例中只起点缀装饰作用。

浅蓝色薄花呢礼服

约1854—1855年，蒙特利尔麦考德博物馆

这一时期裙装通常分为两部分：上衣和下裙。此处这件时尚的巴斯克衫看起来像短外套，腰部收紧，底部展开盖住臀部。1850年代后半，这种上衣在欧洲和美洲都非常流行。图中裙装由薄花呢制成，这是一种最初产于法国的精纺毛料。

像这样的裙装，棉质的衣领和内袖是可拆卸的，能分开清洗，以保护裙装本体，避免污垢和磨损。

本例的宝塔袖（pagoda sleeve）很宽，但当时还有更宽的款式，在裁剪和装饰上也有很多变化。月刊《美人汇》1853 年曾报道说："宝塔袖并没有过时，而是有些宝塔袖为了求新求变，会做得非常宽……有时会用蕾丝或刺绣来作边饰。内里配内袖穿戴。"最后一句的描述与本例的情况一致。[16]

宝塔袖的荷叶边，以及围在肩上的假覆肩（simulated yoke），都是用布边印花（border print）面料的框边花样来装饰边缘的。

三层结构的下裙由聚拢的荷叶边组成，是典型的 1850 年代的时尚。每一层荷叶边边缘的图案都是布料原本的花样（à la disposition）。为了实现这种效果，工厂必须织造出一种在一侧印有较大框边花样的布料；换句话说，这种特殊布料就是专门为了实现这种装饰效果而生产的，并完美地突出了 1850 年代裙装轮廓的关键元素。[17]

作者不详，《女士肖像》，达盖尔银版照片，1851 年，洛杉矶艺术博物馆
这张照片中的女士穿着的裙装，有着饰有流苏的分层宝塔袖，与大图类似。

下裙明显更宽了，部分是三层荷叶边的效果，部分归功于克里诺林裙撑或圈环裙（hoop skirt）的发明。这类配件大约于 1855 年在巴黎第一次亮相。

两件式裙装

约1855年，洛杉矶艺术博物馆

1852年，维多利亚女王买下了巴尔莫勒尔城堡，引发了举国上下追捧苏格兰的热潮。由于服装是大多数女性用来表达自我的重要工具，苏格兰格纹面料的流行也就理所当然地成为她们对这股热潮的主要贡献之一了，比如这套制作于1855年的裙装，其宽大的下裙成为展示面料流行趋势的绝佳舞台。

裙装上衣用钩眼扣在正面固定。精美的绿色丝绸流苏扣子是纯装饰性的，在1850年代很流行，当时其他类似的罩裙上也可以看到。

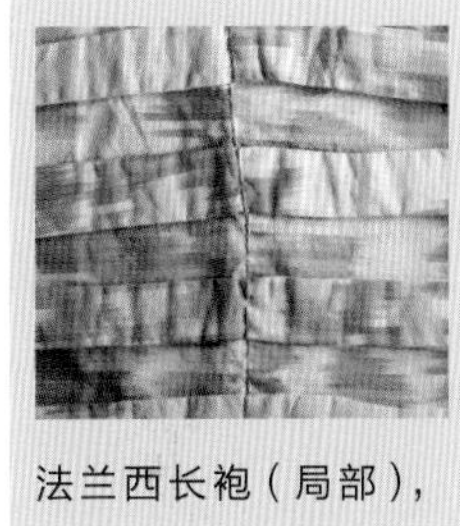

法兰西长袍（局部），1760年代，洛杉矶艺术博物馆

大约在这一时期出现了一种新的流行风潮：袖窿很低的宝塔袖。这种袖子的做法是剪出大块方形布料，底部留下一部分不缝合，有时整个袖管底部都是打开的。[18]

袖子边缘装饰的布块做成类似小褶边的样子，这种打褶的塔夫绸边饰常见于十八世纪时髦的罩裙上。

下裙表面没有装饰，让焦点主要聚集在格子图案的颜色和趣味上。

里面的克里诺林裙撑为拱顶状，下裙因此呈均匀的圆弧形，前后稍微突出。到1860年，下裙正面才开始变得平坦，且直到1860年代中期克里诺林裙撑的形状发生改变，这种变化趋势才凸显出来；在1860年，下裙需要用到长达十码（1码约合0.91米）的织物来包裹裙箍。[19]

婚礼礼服

约1850—1860年，西澳大利亚州斯万吉德福德历史学会

这是一件自制的巴雷格纱罗婚礼礼服，其具体的制作时间无从考究，大约在1850至1860年之间，极有可能是1850年代中期。这件博物馆的藏品是个好例子，展现了裙装几经修复和改造，具体情况将在下面的分析中介绍。

蕾丝领上有两颗亮绿色包扣，是为了展出而后来添上的。

肩部很低，甚至覆盖到手臂的顶部，这是 1850 年代和 1860 年代的典型做法。肩线和腰线都用同料嵌线（self-piping）这种装饰手法饰边。[20]

裙摆正面和两侧都有箱式褶裥，背部中央有弹带形褶裥，右手侧缝处有插袋。

这件裙装的钟形袖口表明，在更为华丽繁复的宝塔袖流行之前，裙装袖口已经出现了变宽的趋势。此处袖口很好地照应了裙摆的形状和宽度，通过斜裁（bias-cut）和袖口饰边上与裙装主体同料的布条，让袖形更明显。

下摆采用全衬里设计，衬里和褶裥有助于保持裙装的形状和体积。

宽蕾丝领是后来加上的。1850 年代和 1860 年代初，人们通常会在裙装上搭配可拆卸的领子，但当时的领片大概比图中这件更小也更窄。

从 1840 年代开始，裙装上身正面剪裁时常会在胸前做出装饰性褶裥，要么用衣物本身布料多余的部分，要么用一块单独的布料。本例使用的是前一种方式，褶裥以明线缝合在前襟上。[21]

深凹而尖的腰线采用当时常见的与裙装主体同料的嵌线勾勒边缘，也能清楚呈现上身与裙摆分开裁制的特征。乍看之下上身好像完全独立，实际上，裙摆与上身的衬里连在一起。

裙摆正面布块上的穗带可能是后来才替换上去的，环绕着本来就有的包扣，最下方的一颗（靠近底边）也是替换品。裙摆正面中央的布块与裙装主体同料，应该是原有的构造。这片布块顶部、腰线的尖端之间有缝隙，可能是因为当时面料用尽，也可能是那部分布块损坏了因而被拆除。

棕色波纹塔夫绸准礼服

约1865年，悉尼动力博物馆

这种风格尽管裙摆庞大，但同以前的多层衬裙相比，还是给人一种自由惬意的感觉。裙摆布料由一个轻便的笼形克里诺林裙撑撑着，裙撑上有一或两层衬裙，以确保那一排排钢圈不会透过丝质裙摆而显出形状。这件裙装穿的时候会搭配可拆卸的袖口和蕾丝领，方便清洗。

袖子低垂，边缘镶有机织饰边，这种肩部边饰此时非常流行，本例中，其以稀疏的针脚（粗缝）固定。结合其他一些细节来看，这件裙装可能本来是旧式风格的，后来才加上蕾丝以突出肩膀。

裙摆内有一个独立的棉质臀垫，做工粗糙，用两条短饰绳（cord）系在腰带上；这也是后来添上的，可以增加背面的体积，是未来垫臀裙撑的雏形。[23]

上身用鲸骨条增加硬度并定型。鲸骨条由亚麻布包裹，附在上身两侧及背部。[22]

袖口饰有与肩膀处同款的蕾丝，腰带与上面的双色玫瑰花饰也呼应着蕾丝黑色的主题。

本例椭圆形的裙摆似乎是用 1850 年代拱顶轮廓裙摆改制而成的，以迎合 1860 年代中期的潮流。裙摆正面插入两片布块，从而实现平展的效果。本例裙摆的特点是既有手工缝纫，也有机器缝纫，表明它随着时尚潮流的改变也经历了巨大的变化。

奥古斯特·雷诺阿，《西科特小姐》，1865 年，华盛顿美国国家美术馆

这幅雷诺阿 1865 年创作的肖像画中，女人穿着一件与大图非常相似的衣服：白色高领、蕾丝装饰边缘的低肩、以扣子扣合的正面、抢眼的腰带。穿这样的裙装还会搭配可拆卸的白色领子或饰边，既能起到装饰作用，又能保护领口不被弄脏和磨损。

晚礼服

巴黎，1868—1869年，蒙特利尔麦考德博物馆

从本例可以看出，垫臀裙撑越来越大了。裙摆正面开始变得平坦，但仍维持着克里诺林裙撑撑起的明显的钟形轮廓。1869年加利福尼亚《马里维尔每日呼声报》（*Marysville Daily Appeal*）中的一篇文章写到了一件类似的裙装：“白色裙装，搭配与裙装主体同料的帕尼耶（panier），用褶裥（ruching）和流苏来饰边。”[24]

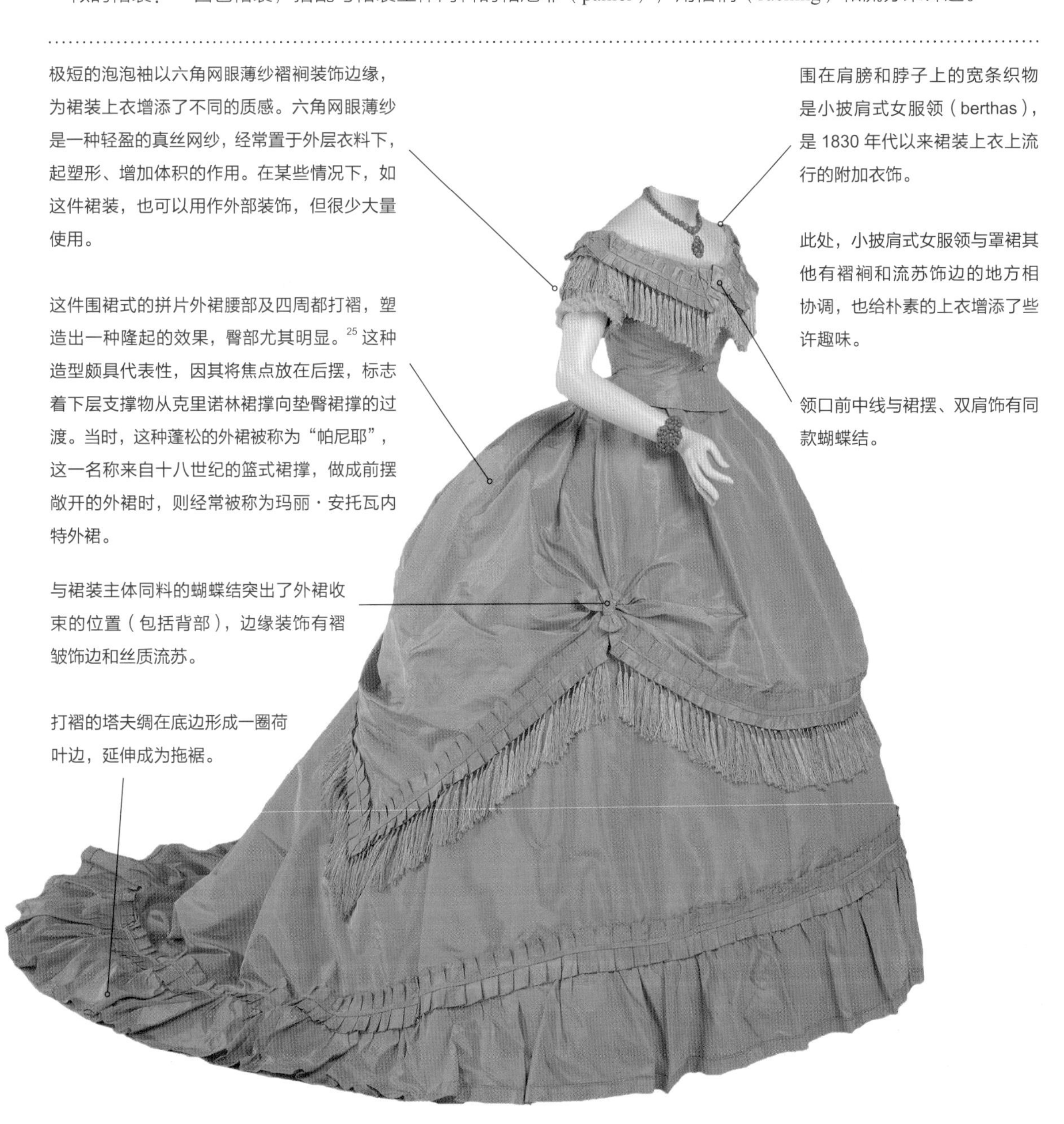

极短的泡泡袖以六角网眼薄纱褶裥装饰边缘，为裙装上衣增添了不同的质感。六角网眼薄纱是一种轻盈的真丝网纱，经常置于外层衣料下，起塑形、增加体积的作用。在某些情况下，如这件裙装，也可以用作外部装饰，但很少大量使用。

这件围裙式的拼片外裙腰部及四周都打褶，塑造出一种隆起的效果，臀部尤其明显。[25]这种造型颇具代表性，因其将焦点放在后摆，标志着下层支撑物从克里诺林裙撑向垫臀裙撑的过渡。当时，这种蓬松的外裙被称为“帕尼耶”，这一名称来自十八世纪的篮式裙撑，做成前摆敞开的外裙时，则经常被称为玛丽·安托瓦内特外裙。

与裙装主体同料的蝴蝶结突出了外裙收束的位置（包括背部），边缘装饰有褶皱饰边和丝质流苏。

打褶的塔夫绸在底边形成一圈荷叶边，延伸成为拖裾。

围在肩膀和脖子上的宽条织物是小披肩式女服领（berthas），是1830年代以来裙装上衣上流行的附加衣饰。

此处，小披肩式女服领与罩裙其他有褶裥和流苏饰边的地方相协调，也给朴素的上衣增添了些许趣味。

领口前中线与裙摆、双肩饰有同款蝴蝶结。

条纹塔夫绸婚礼礼服

约1869—1875年，西澳大利亚州斯万吉德福德历史学会

根据一些记录记载，这套裙装虽然制作于1880年代，但它更接近1870年代的早期垫臀风格，特别是下垂的肩部、镶边的袖窿、大量的丝绸边饰和宽大的外套袖。一些细节也表明它是从一件1860年代早期的旧衣改制而来，因此放在本章中介绍。

这种轮形花纹蕾丝（Teneriffe lace）是博物馆工作人员后来添上的，用来代替丢失了的原衣领。

这种宽大的大衣袖可能是从早些时候更宽松的宝塔袖演变而来的。大衣袖最早出现在1860年代中期，由两块直裁的布料构成，但肘部留出了弯度，很像男式大衣的袖子。[26]

这件前扣式裙装上衣的背部由三块布料制成，有两条弯曲弧度很大的侧后缝，这是1860年代非常标准的做法；从1870年开始，后缝变直，数量也变多了。[27] 此处的情况再次表明，这套裙装很有可能是旧衣改制后重新上身的。

传说这套裙装是由一位住在西澳大利亚州西南部哈维郡的新娘做的。婚礼那天早上，她乘车去教堂，却没见到新郎、牧师和宾客。第二周的星期日她又返来，仪式才得以举行：原定那天由于哈维河河水泛滥，牧师和新郎都无法按时出席。这个令人感伤的故事强调了这样一个事实：像这套裙装之类的手工制品不仅让我们认识了过去的时尚，还讲述着穿衣人的故事，让我们得以看见与我们迥然不同的生活方式、选择，以及期望。[28]

这样的裙装为我们提供了一个绝佳的机会，来考察普通人如何缝制自己的衣服。它不是由专业裁缝制作的，也不是从商店购买的——各种线索，尤其是腰部装饰褶襞（peplum）上最外层的箱式褶裥没有收边装饰都表明，这是一件自制的婚礼礼服，布料只是大致缝合到位，留下了不规则的边缘裸露在外。

此外还可以看到，有一部分塔夫绸没有与裙摆上的棉质饰边平齐地缝在一起，结果变得略微鼓起，垂在底边上。

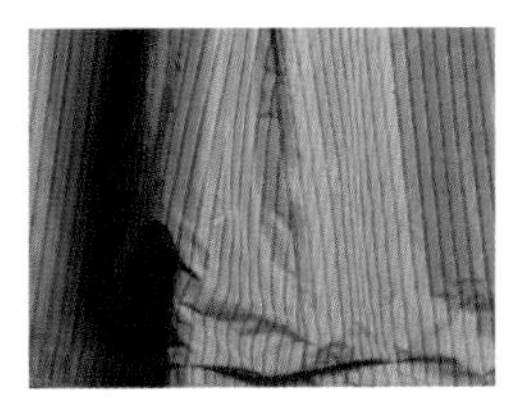

轻薄的条纹面料经常出现在报纸的时尚版，《南澳大利亚广告人报》（*The South Australian Advertiser*）这样形容这种面料：与浅色（如勿忘我这种花的蓝色）搭配总是格调很高。

第六章
1870—1889

1870 至 1889 年这段时间可以按截然不同的女装身材轮廓分为三个时期：约 1870 到 1875 年为早期垫臀时代；约 1876 到 1882 年为“自然裙形”期；最后大概在 1883 到 1889 年，是垫臀现象的最后阶段。这二十年见证了崭新的开始，短暂的舍弃，以及后来的复兴，多彩、有趣，但又充满了矛盾。

1860 年代后期，因克里诺林裙撑形状的改变，下摆背面逐渐被强调出来。一些微妙的变化已悄然出现：华丽的腰部装饰褶襞、裙腰后中线上的蝴蝶结（右边这幅雷诺阿 1870 年创作的油画中描绘了一件类似风格的裙装），预示了大型垫臀裙撑的登场。另一项指标是下裙的帷幔造型慢慢复杂化，不断向上、向后卷起；克里诺林裙撑的体积不断缩小，宽大后摆多出来的衣料不得不以打褶的方式来处理，使得用垫臀裙撑成为理所当然且必要的选择。垫臀裙撑是指一个系在腰部，置于下半身，能令后摆向外突出的平架。因为垫臀裙撑的关系，裙摆衣料可以聚拢并形成细密的抓褶，往下延伸成为拖裾，并添上让人眼花缭乱的装饰。

1860 年代晚期，出现了一种小型垫臀裙撑，这种垫臀裙撑的裙箍只覆在背后和身体两侧，背后部分还常会附加一套金属丝，为收束在上面的帷幔提供支撑，这样的垫臀裙撑名为“小克里诺林”（crinolette）或“半裙撑”（half hoop）。另有一种系在腰间用马毛填充的荷叶边衬垫，贯穿于垫臀裙撑流行的时代，被人们称作“着装改善器”（dress improver）或“腰垫”（tournure，上流社会认为“垫臀裙撑”是不雅的词）。依靠这两种装置，1870 年代早期的女装出现了较柔和圆润，也较高耸的臀部曲线，然后才是 1880 年代末期更尖锐突出的“平架”状轮廓。97 页插图中的结构体就是用来支撑这种轮廓的，形状和大小各异，不再作为克里诺林裙撑的一部分（虽然有时这种框架只在双腿后侧向下延伸），使得裙摆除了后方之外，其余部分都比以前更细、更窄了。

在第二阶段的“自然裙形”期，各式各样的垫臀裙撑都被人们弃之不用，裙装几乎完全贴身。无论是公主线式（princess-line）连体裙装，还是胸甲式裙装上衣搭配的长裙，都像刀鞘一样贴合身体，包裹臀部。裙摆两侧紧贴双腿，丰盈感只保留在后方和拖裾处，这种效果是靠衬裙和下裙的内置系带实现的，系带将布料尽可能地贴合在身体两侧。

大约在 1883 年，最后一种垫臀裙撑出现了。这种款式通常被称为架式垫臀裙撑（shelf bustle），是名副其实的架子形状：从腰背部以九十度直角向外伸出。[1] 这种部件上装饰用的打褶帷幔较少，使得整体的视觉效果比 1870 年代早期的款式更僵硬，仿佛冷冰冰的建筑。然而架式垫臀裙撑也在短暂流行过后，于 1880 年代

皮埃尔 - 奥古斯特 · 雷诺阿
《散步》
1870 年
洛杉矶保罗 · 盖蒂博物馆

后期逐渐消失，垫臀裙撑变得朴实无华，穿在 1890 年代流行起来的拼片下裙背面，营造出些微的丰满感。许多时尚媒体都对这种变化感到欣悦，1887 年，一家澳大利亚报纸评论说：“在鼓起女装后部的问题上，时尚逐渐变得理性。过去几年，那些可笑而突兀的架子令人心烦意乱，现在几乎都被人们遗忘了。”[2]

在大众报刊上，讽刺作家喜欢嘲笑早期的垫臀裙撑的样式，把它们比作蜗牛和甲虫的圆形外壳。新款的公主线式裙装也未能摆脱被嘲笑的命运，《笨拙》（*Punch*）杂志和类似的出版物都说，女性因这种苗条的轮廓而被束缚得几乎动弹不得。乔治·杜莫里耶（George Du Maurier）的漫画《否决》（1876—1877 年）描绘了一对参加舞会的年轻时髦男女。“我们——呃——坐下好吗？”这位先生问。“我很愿意，”他的女伴回答说，“但是我的裁缝不许我这样做！”

也许正是这种风格推动了理性裙装运动的蓬勃发展。然而 1850 年代阿米莉娅·布卢默的努力并未造成持续的影响，也后继乏人，直至五十年后女性才彻底从衣物的束缚中解放出来。艺术裙装运动（Artistic Dress Movement）和唯美裙装运动（Aesthetic Dress Movement）都取得了一定的进展，二者对天然面料和简单工艺倍加推崇，然而它们主要局限于知识分子和“波希米亚风”的圈子，直到 1881 年，理性裙装学会成立，才有人开始积极推动以健康和舒适为理念的改革。著名的改革家玛丽·哈维斯（Mary Haweis，1848—1898 年）认为服装的美感和实用性同样重要，不认为二者是相互排斥的关系。哈维斯只欣赏那些能呈现女性“自然线条”的简单衣物，但并不反对凸显身形的时髦裙装——在《美的艺术》（*The Art of Beauty*，1883 年）中，她说这是“值得鼓励的，因为可以展现被长期隐藏的身体线条”；但她对时尚品味过度极端颇有微词：

> 沉重的拖尾，拘束的拖裙，令女士的身体动作难以柔和美观，每走一步都左摇右晃，看上去像一只涨奶的奶牛。[3]

一般读者读到这类文字后积极回应，写来一封封激情洋溢的信。1877 年，一位女士表达了忧虑之情，指出许多罩裙本应是工艺精湛的夺目作品，却被极端的时尚潮流所影响：

> 裙摆上的立体剪裁和边饰，花费了裁缝大量的工夫和心血，却因为被斜拉和抬高，导致完全看不出原本的设计风貌了。此外，手脚受到沉重拖裙的限制，无法优雅自如地活动，一举一动都受到拖累。[4]

左图
笼形小克里诺林
1872—1875 年
洛杉矶艺术博物馆

右图
垫臀裙撑
1885 年，英格兰
洛杉矶艺术博物馆

为了不损害裙装的美感，理性裙装的倡导者们开发并推广了“健康”的束腰胸衣和更轻便的内衣，希望这些倡议能使时髦的服饰变得利于健康，同时避免让穿戴者看起来过于特立独行，然而这种新理念只被少数人所接受。不过，通过鼓励女性进行体育活动时选择更实用的服装，服装改革者们在运动装和休闲装领域取得了扎实的成效。

对大多数女性来说，束腰胸衣仍是必不可少的，尤其是 1870 年代后期，当人们的注意力集中在胸甲式裙装上衣和公主线式裙装上时。束腰胸衣因此变得更长，并通过加入更多鲸骨进行强化。然而这一时期束腰胸衣的形状和束缚程度能产生巨大变化是因为两项新技术，一是蒸汽成形技术（steam-molding）——1860 年代末出现，在 1870 年代和 1880 年代十分流行，该技术的流程为：给束腰胸衣上浆，贴合在人体模型上成形，使其干硬到需要的硬度；二是汤匙形插骨（spoon busk）——这种造型特殊的插骨，顶端很窄，在束腰胸衣下端变宽，形成汤匙形状。[5] 这种插骨能给予腹部更大的压迫，维持裙装上衣正面的平坦，但也带来了更大的束缚。

此时，尽管时髦的裙装样式复杂，但女性接触时尚却变得容易起来，不必再为了追赶潮流而找裁缝为自己量身定制（用当时的话来说，即“做整套”〔en suite〕）。这主要得益于蒸汽动力织机和其他机器纷纷登场，令服装裁剪和缝纫效率大为提高，纺织业一下变得前景无限（比如打褶机，1880 年代流行给罩裙打褶时，打褶机供不应求）。家用缝纫机的广泛使用，意味着衣服可以更快、更大批量地生产；人们可以通过纸样（paper pattern）轻易获知最新流行的款式的制作和穿搭方式；百货公司的发展也促进了成衣和配饰的消费。

到 1880 年代末期，人们开始质疑垫臀裙撑，当时的报纸表示，这种东西不应再继续存在。各大垫臀裙撑制造商焦虑地关注事态的发展。一位纽约记者对垫臀裙撑的流行程度感到好奇，写了一篇报道，考察一天当中不同场合和时间里有多少女性会穿垫臀裙撑。起初他认为，裙摆内不用支撑物的女性屈指可数。然而在考察完成后，这位记者已能够说明 1880 年代最末那几年渐进但彻底的转变。尽管对许多人来说没有垫臀裙撑的裙装很不可思议，但是越来越多的女性要么只穿小型垫臀裙撑（“系在衣服上的芦苇或铁丝”），要么根本就不用：

> 一个高大健硕的女人披着一件定做的蓝色斗篷……背部的轮廓表明她没穿任何垫臀裙撑。她既健美又时尚，外表让人赏心悦目。[6]

虽然这篇文章笔触幽默诙谐，却反映出裙装真实的发展步调。时装插画和博物馆展品使我们误以为女性会突然一下子改头换面，就像是 1870 年代和 1880 年代三种迥然不同风格的变化一样剧烈。但事实上，虽然许多追赶潮流的人希望紧跟从伦敦到巴黎的风尚，但她们个人的日常穿着却几乎没有太大的变化，许多人还是会晚于或早于同时代人抛弃或采用新款式。尽管如此，搭配垫臀裙撑的裙装仍是女装史上不同凡响的存在：显眼、撩人、有辨识度，至今仍是设计师的灵感来源。

詹姆斯·麦克尼尔·惠斯勒
《梳妆》
1878 年
画作展现了当时流行的拖裾设计，有大面积的波浪状蕾丝装饰
华盛顿美国国家美术馆

塔夫绸散步裙

美国，1870年，洛杉矶艺术博物馆

这一时期，为了方便进行体育活动而修改服装变得普遍起来。这件裙装反映了当时只有在“运动装”上才允许出现的一些细微改动；本例没有一点儿拖裾，这在1870年代初是很少见的。

这种小立领在 1870 年代早期依旧很流行。

1860 年代末流行的高腰此时风光不再，本例裙腰位于人体腰部的自然位置。

此处仍保留了 1860 年代显眼的低垂袖设计。袖管笔直，由两块衣料制成，袖口处有三排带流苏边的褶皱装饰。

这件裙装可能是在早期垫臀时代制作的，但已经可以反映出 1870 年代对奢华边饰的推崇。垫臀裙撑上的粉色流苏花边相互交叉，延伸到正面，在腰线下方深凹的两个尖点处结束。

裙摆依旧丰满，保持圆膨，但已有臀部突出的造型设计，表明这件裙装底下很有可能垫了金属丝臀垫和小克里诺林裙撑。

塔夫绸褶裥的扫帚状边缘为这件罩裙的丰富边饰又增添了一个层次。这种设计显然希望赋予这件裙装最新、最时尚的模样，符合 1871 年“时尚服装就是一个大杂烩，有隆起的造型、塔克褶、褶饰、皱褶、蝴蝶结、皱纹、苏格兰褶、侧褶、流苏、蕾丝和荷叶边”[7]的说法。

本例的裙摆没有拖裾，很适合作为出行或散步时的服装。

裙装

加拿大，约1870—1873年，蒙特利尔麦考德博物馆

这套裙装的色彩设计具有统一性，与当时试图在一套服饰上融合过多色彩的潮流完全不同。使用质感具有对比性的面料也是很时髦的做法，这套裙装就是由两种色调的塔夫绸和罗缎制成。

裙装上衣前后的镶片做得仿佛像是长而窄的覆肩，但此处这种效果纯粹只起装饰作用。

博斯特林（postillion）从短款巴斯克衫的背面延伸而出，盖在垫臀部位上。博斯特林一词源自左马驭者（四匹马拉的马车的领头车夫），用来指裙装上衣上的一种模仿大衣尾部的装饰，它一般铺在由垫臀裙撑形成的裙摆平台上。1870年代早期，这种设计非常流行，一家美国报纸称“时髦裙装上衣的背面绝对少不了一片博斯特林”[8]。

外裙后侧的布块在稍短的前侧布块两边做出抓褶，以增强后摆的丰满感。外裙内置了上下系结的系带，进一步塑造隆起的造型，可以根据穿戴者的偏好进行调整。[9]

类似短外套的裙装上衣早在二十年前，也就是1850年代就已经流行过了。图中的这件裙装上衣很短，且腰线较高，饰有短巴斯克，下摆边缘延伸到腰线下方，在扣子底端开衩，形成两个尖点。

袖子末端是稍有些尖的矩形袖口，有与裙装上衣其他地方和围裙式外裙（也称 tablier）同款的深蓝色镶边装饰。

这里可以看到流行的围裙式外裙分作了两部分。

一条深深的荷叶边使得下裙底边外展。左侧的一片独立布块上有平褶、抓褶和蝴蝶结，给裙装增添了不同的质感和韵味。

晚礼服

巴黎，约1873年，蒙特利尔麦考德博物馆

讽刺作家常将带垫臀裙撑的裙装的轮廓比作外骨骼，这种说法用来形容这套裁剪考究的精美晚礼服（晚宴服）再合适不过。从细节上可以看出它是制造商——法国著名时装品牌科贝-温泽尔（Corbay-Wenzell，被称为A. 科贝［A. Corbay］）的标志性作品。这套裙装体现了早期垫臀时代的几个关键美学理念，可谓时尚的先锋。

这件裙装上衣的正面简直是这个时代的造型典范，有一个用大量蕾丝装饰的方形领口，明显带有十八世纪风格。而七分袖带褶饰的袖口，也是这套裙装的设计中历史主义的具体表现。

腰部装饰褶襞打着箱式褶裥，两侧都缀着特意加重的蓝丝带，在垫臀裙撑中央打褶的区域上方制造出一个弯曲的“框架”，更凸显了垫臀裙撑的存在。

前摆有两层，边缘都有深米色的结，底端饰有流苏，突出了时髦的多层外裙，也能和裙摆上的帷幔造型融为一体。同样的装饰也出现在拖裾和领口。

浅蓝色的翻边将正面的双层造型与垫臀部位的漏斗状造型隔开。翻边本身也有丰富的边饰——呈扇形的打卷丝质荷叶边弯曲向下，和拖裾上的平褶饰边连成一片。

格纹的丝绸面料虽然有些特色，但色彩相对低调，与淡蓝色的袖子和裙摆上蓝色的边饰色调相得益彰。格纹很流行，适合许多场合，报刊的时尚版也经常称赞。

裙装上衣逐渐开始贴合自然腰线以下的躯干部位。到 1874 年，贴身的部分开始向下涵盖臀部。

垫臀部位的造型不仅由垫臀裙撑来支撑维持，还要通过裙摆内置的单独拉绳将两侧拉紧，才可以做出这种独特的形状。从整体来看，裙摆的轮廓相对细长，与让衣物贴近人体自然线条的最新潮流一致。

塔夫绸准礼服

澳大利亚，约1876年，悉尼动力博物馆

1876年，苗条的公主线式裙装和胸甲式裙装上衣已被广泛接受，但本例呈现的却是从1870年代早期延续下来的大型垫臀造型。另一方面，此时垫臀裙撑已经降到了腰部的较低位置，不久后就被1877至1880年左右流行的鞘形公主线式裙装取代。

高高的圆形领口与正面中央的七颗扣子毗邻，最底下一颗位于人体自然腰线处，再往下就是前开口腰部装饰褶襞，其边缘饰有与裙装主体相同面料的饰边。腰部装饰褶襞一直向后延伸至裙装上衣背部，平铺在垫臀部位上。[10]

男装和军装风格的影响体现在下裙和裙装上衣的边饰上，尤其是袖口的饰带和下裙两侧垂片上的镶边，二者都配有装饰性的扣子。

整套礼服上多处使用扣子，这种做法在1870年代流行过，但很快退出时尚舞台。新西兰一家报纸的女士专栏描述过类似的做法：“下裙饰边、袖子、口袋、翻边等处都缀有金属小圆扣。”[11]

裙装上衣和下裙的塔夫绸都是淡紫色的，边饰则是薰衣草色的，同一件衣服上使用相近的色调，在1870至1875年间很流行。[12]

像这样比较长的圆形拖裾在整个1880年代都很受欢迎。

这一时期大多数下裙采用拼片工艺，收束于背后，本例下裙从垫臀裙撑上径直垂至地面，没有额外的隆起或立体剪裁。

乔治·希利（George Healy），《罗莎娜·阿特沃特·温特沃斯》（局部），美国，1876年，华盛顿美国国家美术馆

这幅肖像画展示了与大图类似的褶边高领裙装上衣，别着胸花，并有着典型1870年代的时尚发型。大波浪和小卷由于1872年卷发板的使用而更加流行起来。图中人物一部分头发在脑后打着卷自由垂下；一部分头发或是编成辫子中分，或是形成薄薄的刘海。[13]

绸缎宴客礼服

英国，约1877—1878年，辛辛那提艺术博物馆

这套三件式裙装由著名时装设计帅查尔斯·弗雷德里克·沃斯在巴黎设计，是他才华横溢的典范之作。这套裙装还与裙装主人的家乡辛辛那提有关，此处展示的与下裙相配的独立单品——晚礼服式裙装上衣，就是在辛辛那提当地制作的。这套裙装有着复杂的历史和有趣的背景故事，也是反映当时女性时尚中某些最流行元素的一个好例子。

这里的七分袖裙装上衣非常适合半正式场合穿，比如在家接待客人时。

本例是女装向形似刀鞘的公主线式连体裙装变化过程中的一个过渡形态。独立的裙装上衣长度快速增加，紧贴在腰部和臀部。这种裙装上衣后来被称为胸甲式裙装上衣，因为它就像中世纪的铠甲里紧贴躯干的那个部件。

沃斯崇尚历史感，推动了十八世纪的帕尼耶外裙的回归：前开，紧裹臀部，在身后收束于位置较低的垫臀裙撑上。这种帕尼耶外裙一直流行到 1880 年代，虽然裙身当时已经不再贴合臀部线条，但正如那时一家报纸评论的，“它们也不是隆起的；事实上，沃斯的帕尼耶外裙造型一点也没有夸张之处”[14]。

百褶衬裙是一层做出褶皱的平纹细布，可拆卸，边缘常饰有蕾丝，可以将底边抬离地面，既有保护作用，也十分美观。百褶衬裙上方有两层顺褶（knife pleat）。[15]

方形的深领口以刺绣蕾丝饰边，底部饰以蝴蝶结，与十八世纪罩裙的袒胸低领有些相似。让人想起了下图中装饰有多排丝带蝴蝶结的华丽三角胸衣片。这两个案例里，裙装上衣胸口的丝带蝴蝶结也都出现在袖口的荷叶边装饰上方。

家住辛辛那提的玛丽·汤姆斯夫人（Mrs Mary Thoms）在游历巴黎时，从沃斯处购买了半身裙和日装裙装上衣。回到辛辛那提后，请当地的女装裁缝塞利娜·赫瑟林顿·卡德瓦拉德（Selina Hetherington Cadwallader）制作了一件相配的晚礼服式裙装上衣，同样是边缘饰有蕾丝的低领口，使用的面料是与下裙一样的花绸。这种十八世纪风格的面料，是汤姆斯夫人买这套裙装时，从沃斯那里额外买的一码。[16]

法兰西长袍（局部），1750—1760 年，洛杉矶艺术博物馆

格纹丝绸裙装

英格兰，1878年，洛杉矶艺术博物馆

苏格兰格纹裙装很受年轻女孩欢迎，这套裙装是为一个刚成年的女孩做的，是她第一套“大人”的衣服，其成人服饰风格反映了许多当时最新的流行趋势，并结合了青春大胆的布料印花。本例以胸甲式裙装上衣搭配下裙，采用了公主线式剪裁，是这一时期时尚的造型。

浮雕宝石，十八和十九世纪，承蒙保罗·盖蒂博物馆的“开放内容项目”提供的数字图像

1878年末，《年轻女士杂志》(*The Young Ladies' Journal*)报道说：“今年秋天又流行起了格纹。”接着提到了一种很受欢迎的，且与大图一致的配色方案：“虽然也出现了红色，但蓝色和绿色是最常见的组合。苏格兰各氏族的颜色都用上了。”[17] 其他出版物也鼓吹所有的女性都应重拾格纹布料，但多数情况下，同一件裙装上衣或下裙，格纹布料还要搭配素色布料。格纹布料也广泛用于边饰，或制作短外套、斗篷等配件。

人造宝石（paste）胸针是此时流行的首饰，浮雕珠宝饰物也颇受欢迎，经常出现在报刊的时尚版。浮雕可以用各种材料制作，包括贝壳、石头，甚至熔岩，题材多为古典人物和经典历史场景。

下裙后方垫臀裙撑原本的位置上依然有一排排的褶裥、抓褶、蝴蝶结，以及硬挺的衬裙来将拖裾上方撑出膨大感。但是现在腰线下方不再装有突出的垫臀裙撑，下裙和裙装上衣一体裁剪，腰部没有水平缝线。胸部到臀部有多道竖直的长缝合线，形成一个一体成形的刀鞘形。

长排的扣子引人注目，在这种前系扣的设计中也有实际作用。

在正面中央、膝部下方有一个大蝴蝶结，把人们的目光聚焦到罩裙的主要装饰特征上：巧妙地应用二维“帷幕”效果，令格纹下裙看上去仿佛被拉开，露出下方另外的一层。

即使是日装，也依旧流行隆重的拖裾。

塔夫绸裙装

法国，约1880年，洛杉矶艺术博物馆

柔和的浅色在1880年代早期很流行，《女王》（*The Queen*）杂志就曾提到："颜色越浅，罩裙就越优雅。"[18]这件裙装使用浅蓝色塔夫绸，显得富有青春气息，并使精致的帷幔造型成为焦点。纺织工业的发展，意味着制作本例底边和袖口上的密褶（kilting）之类的装饰更容易、更迅速，动力织布机和其他机器的问世也使服装裁剪总体上更加高效，裁缝也就有更多时间来制作手缝或机缝的精致边饰了。

1880 年左右立领很流行，后来领内还会增加骨撑。相较之下本例的领子还是比较贴合穿着者颈部的。

这件连体式裙装为前系扣，扣子是丝绸包扣。这种裙装通常还带有内置腰带，以尽可能地使织物紧贴身体线条。

这排扣子大部分都是有用的，两个咖啡色塔夫绸玫瑰花结增添了额外的细节，在袖口处还可以看到另外两个花结。使用玫瑰花结可能是受历史影响，这种花结在十七世纪十分受欢迎。

不对称的带垂褶织物在膝盖周围形成一种类似外裙的装饰，构成裙装正面造型，并隐没在背面拖裾上由塔夫绸、流苏和褶裥构成的浪花里。

衣领和袖窿边缘处有与裙装主体同料的嵌线。

这件罩裙没有横向腰缝，是展现纯正的公主线式裙装（据说因优雅苗条的英格兰王后亚历山德拉公主［Princess Alexandra］而得名）的绝佳范例。这件裙装紧身连体，通过两侧数条从胸部到臀部的长缝来突显穿着者的曲线。

狭缝处有一个实用的表袋，被巧妙地隐藏了起来。

和前几例相比，本例已经没有任何"传统"垫臀裙撑的痕迹了，最耗布料的地方都集中在大腿及大腿以下。

玛丽·哈维斯是新兴的理性裙装运动的倡导者，她很赞赏当时时装展现女性身体"真实"线条的理念。但她也担心长而复杂的拖裾"会令肢体缺乏舒适感，优雅的行动也就无从谈起了"。她还表达了对卫生方面的担忧：这些长长的拖裾扫过肮脏的城市街道，会把灰尘等脏东西带回家里。[19]

丝毛婚礼礼服

澳大利亚，1882年，悉尼动力博物馆

极为优质的细羊毛在图片中呈现为金色，实物看上去是更轻柔、中性、温和的黄色。这种浅色系婚礼礼服越来越流行，浅色服装不太实用，却更显奢华贵气。这件婚礼礼服保存情况近乎完美，新娘大概只在婚礼那天穿过一次。在低收入乃至中等收入家庭，重复使用或改制婚礼礼服十分常见，但这件礼服显然具有重大的意义和情感价值，所以即使它的主人不是有钱人，也没有被这么处理。[20]

两片抽褶做皱的真丝镶片在胸线处形成一个 V 形，这有助于使非常纤细的腰部引人注目。

这件连体式前扣罩裙有十八颗素缎包扣。整片宽幅缎边褶裥羊毛织物不对称地横跨在前摆，与背后的有着同样缎边的垫臀裙撑相连。

一排排顺褶精准地重叠起来，打褶机的出现使这种工艺在当时变得简单易行。

长及脚踝的裙摆在 1880 年代早期很常见，可能参考了十八世纪中后期的波兰长袍。

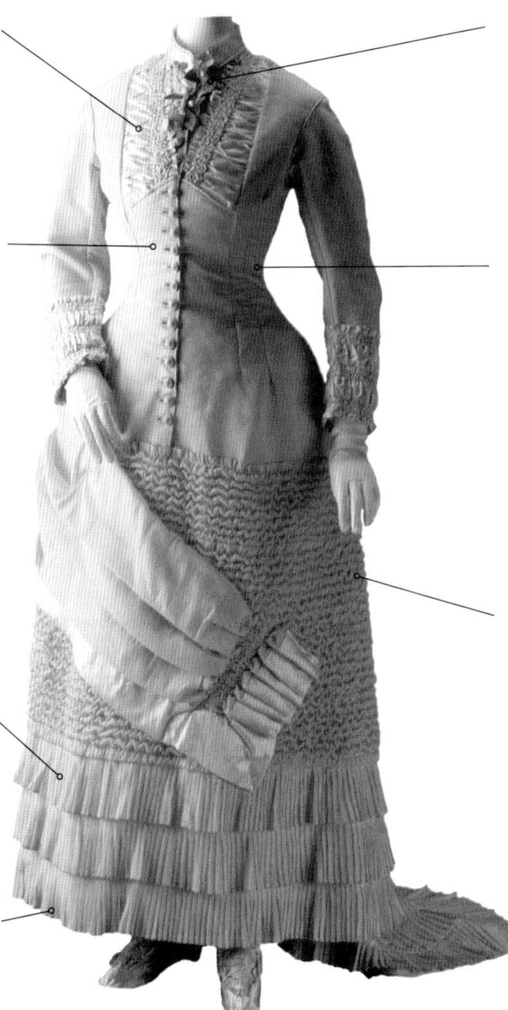

裙装上身的蜡制假橘花枝会让人想起一种古老的新娘习俗：新娘佩戴橘花以象征多子多福。蜡花也会被用在头饰上，当时蜡花和假花枝都是很受欢迎的纪念品，保存至今的妆奁中有不少这种东西。

胸甲式的裙装上身很长，紧贴身体，这种效果来自九条省缝，背后的几道向下转化为褶饰垫臀造型，在一个大而平的蝴蝶结衬托下显得尤为突出。下方褶裥拖裾的设计与裙摆底边处相呼应。[21] 这里的结构复杂度和技术难度因使用了锁缝缝纫机（lockstitch sewing machine）而大大下降。[22]

1882 年 11 月，悉尼的一家报纸评论道："抽褶仍大量用于裙摆。"多道抽褶羊毛细条是本例裙摆的主要装饰。抽褶在 1880 年代早期非常流行，通常只在上身小范围使用，这可能是因为，就像同一篇文章所指出的，大量使用是"大忌"，因为它破坏了肩膀和胸部的轮廓。[23]

婚礼礼服

1884年，蒙特利尔麦考德博物馆

这套裁剪考究的婚礼礼服是以流行的酒红色面料制作的，当时一家时尚杂志这样说道："紫红和酒红……是女装裁缝最喜爱的颜色。"[24]这套礼服要搭配鲸骨或藤条骨架的衬裙，裙摆几乎与地面垂直，这是当时被视为理所当然的造型。

这件外裙采用围裙式设计，在背后形成三组垂幔。这一时期，打褶帷幔由几片独立的布料组成，附在拼片打底裙上，通常抓束在后背中央。1883年，一家报纸的时尚专栏提到了一套类似的裙装上衣和下裙："裙装上衣底端呈尖形，长仅及臀，帕尼耶式外裙的帷幔造型部分搭在围裙式外裙上……是真正高格调的设计。"[25]

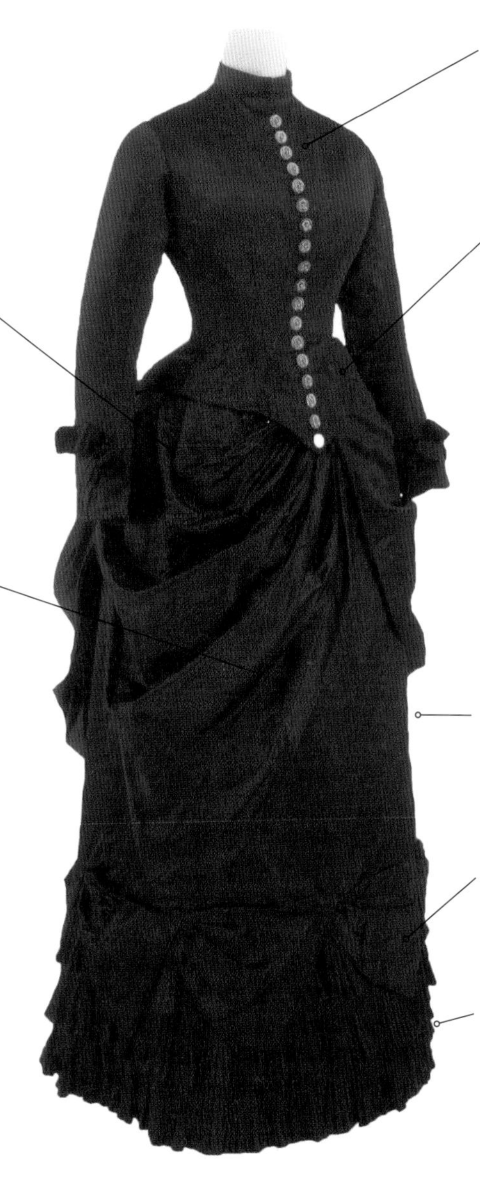

这个时代的裙装上衣正面会有一排扣子，在酒红色底布上，这十八颗印有房屋图案的金属扣子分外引人注目。

这种深凹而尖的巴斯克式腰线在1880年代早期很常见，优雅地贴合在臀部，但不像胸甲式裙装上衣的腰线那样超过臀部。上衣背面工整地延伸出覆盖在垫臀裙撑架上的部分，稳稳向后突出，并与一个带箱式褶裥的腰部装饰褶襞相连。

围裙式外裙的帷幔造型部分与打底裙缝合，长长的直角盖住一边，与裙摆底边最上一排的装饰相交。

下裙的正面和两侧贴近双腿，额外变宽的地方移至后方及新式的垂直垫臀裙撑处。

女士所穿的垫臀裙撑有各种形态，但这一时期比较流行用马毛填充的垫子，卷成矩形或新月形。一篇美国时尚专栏文章认为，"如果稍加填充"以维持"裙摆的轮廓"，并避免滑稽的上下颤动效果，这种垫臀裙撑便是"最可靠的"。如果一套裙装的面料太薄，或者打底裙的重量不足，那么垫臀部位的重量就会分布不均，导致裙装整体轮廓被破坏。[26]

三排塔夫绸褶裥上方是一排风格化的蝴蝶结状装饰，深尖角造型与下裙正背面帷幔的模样相呼应。

下裙完全没有拖裾，这一时期拖裾除了偶尔出现在晚礼服上，已很少见。

塔夫绸裙

法国，约1885年，洛杉矶艺术博物馆

这套裙装是1880年代中后期“分离式”服装的一个好例子，展现了服饰单品如何组合在一起成为时髦的款式。这套裙装也反映了饰绳（cord）和穗带的流行，这些装饰突显了垫臀裙撑的轮廓。在整件裙装上使用不同色调的紫色，也在视觉上强化了整体线条。

1880 年代很流行这种紧贴头部的罩帽，但很快到 1890 年代宽檐帽便开始流行。

这件裙装上衣相对而言比较长，裁成胸甲式裙装上衣的风格，延伸至臀部，为裙装正面和侧面塑造出一个瘦长、利落的轮廓。

装饰裙装上衣正面的饰绳也是下裙的主要装饰，自垫臀部位往下，每隔一段距离就有一条。饰绳是1880 年代流行的装饰，一篇时尚专栏文章精辟地评价了其百搭的特质：“饰绳和流苏……使用方式多样，可系在脖子上，可系在腰间，可系在巴斯克衫正面，亦可在下裙一侧打长结……”这套裙装就使用了其中的几种用法。[27]

拖裾由一根紫色饰绳吊起离开地面，表明这件罩裙可能还会搭配不同的裙装上衣作为晚礼服或晚宴服穿。

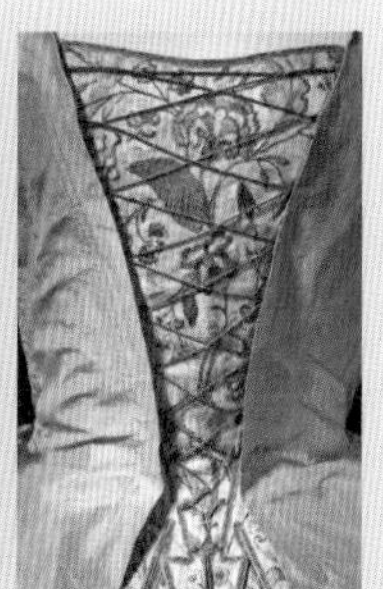

左图：本例局部，1885 年

右图：法兰西长袍的三角胸衣片细节，约 1745 年，洛杉矶艺术博物馆

裙装上衣正面中央的布块也叫作胸饰片（plastron），上面有着和下裙上一样的花卉图案。这片布块让人想起十八世纪的三角胸衣片，布块上装饰着交叉的紫色饰绳（和第三章讨论的那件制作于 1725 至 1745 年左右的法兰西长袍几乎一样），饰绳可以拆卸。裙装上衣在正面通过一排金属饰扣固定，这排扣子有十三颗。

环绕着膝盖的不对称“饰带”延续了 1870 年代末和 1880 年代初流行的纷繁之美。

下裙工整地打着褶裥，边缘装饰着淡紫色锦缎，随着穿着者的移动，会闪烁紫丁香色的微芒。

黑色尚蒂伊蕾丝和粉色素缎裙装

加拿大，约1888年，蒙特利尔麦考德博物馆

1880年代，黑色尚蒂伊蕾丝（Chantilly lace）风靡一时，总是用来覆在柔和的浅色调（比如本例的粉色）织物上。罩裙上的这种蕾丝和黑玉不只常用于装饰裙装，在帽子之类配件上也很常见。本例的各种设计元素都符合1887年春季加利福尼亚一家报纸的评语："黑色蕾丝裙装尚未达到流行的巅峰，因为上面太常出现新花样。"[28]

袖子的顶部稍稍膨起，预告着它将在 1890 年代变得更大。袖子顶端的黑玉肩章强调了膨起部位的效果。

这套罩裙问世后不久，垫臀裙撑的人气就开始减弱了。1880 年代末，人们开始在下裙底下附一个小垫，以稍微增加裙摆体积。这件裙装本身就内置了垫臀裙撑，由三个内侧有绑带的钢圈构成。

围巾，比利时，1870 年代至 1890 年代，洛杉矶艺术博物馆

尚蒂伊蕾丝也可以用来制作配件，如头饰、衣领、披巾，以及这里展示的围巾。

两个蝴蝶结下方垂着末端带饰绳的长丝带，增添了额外的美感，也凸显了前扣式裙装上衣和垫臀部位。这些丝带（尤其是末端带流苏的款式）让人想起十五和十六世纪用来系袖子的肩饰带（末端带金属尖的饰绳）。1887 年 9 月，《德莫雷斯特》（*Demorest*）杂志描述了这种装饰的流行："裙装上有大量的丝带蝴蝶结装饰，有时从腰部一直到裙摆底边都有。"[29]

在围裙式蕾丝衬裙下方，罩裙正面的数排荷叶边连接起粉色素缎开口，粉色素缎上也用大量的尚蒂伊蕾丝做出了层层叠叠的荷叶边。1870 年代和 1880 年代，尚蒂伊蕾丝最常见的用法就是做成裙装上的荷叶边。蕾丝也可以单独购买，用来根据时尚改造旧服装。1886 年，纽约的布鲁明戴尔百货店在其商品目录上刊登了各式黑色尚蒂伊蕾丝的广告，各种规格应有尽有，宽度从十二到三十六英寸不等，单价在七十九美分到两点一美元之间。[30]

第七章

1890—1916

从 1880 年代末开始，过去二十年里所流行的轮廓逐渐失宠。1890 年代的女装，不再在裙摆下增加各种支撑（除了偶尔在腰部绑非常小的臀垫），其典型特征是轮廓更简洁流畅，至少下半身符合这一特征：下裙为拼片裙，从极富建筑美感的沙漏形裙装上衣下延伸出来，还带有拖裾。垫臀裙撑消失，下裙背面多出了许多布料；垫臀部位奢华的帷幔不再流行后，下裙几乎完全没有复杂的覆盖物或额外添加的织物了。垫臀裙撑的消失是我们“阅读”这个时代的时尚历程时，可以看到的最重要变化之一。

人们的注意力完全从下裙移开，聚焦到风行于 1890 年代的巨大羊腿袖（leg-of-mutton）上。羊腿袖的说法非常形象，这种袖子的构造很像羊腿：顶部膨大，然后逐渐收缩，最终形成紧身的袖口，在晚礼服上，袖长只及肘部或肘部以上。到 1895 年，羊腿袖达到了最大尺寸，但在 1890 年代之初，就已经出现了许多颇为可观的早期例子了。宽大的袖子搭配底部展开的 A 字长裙，整体视觉效果令腰部看起来更为纤细。

到了十九世纪末，羊腿袖的体积开始缩小，最终只剩下袖子顶部一个名为翻罐笼（kick-up）的小隆起；晚礼服肩部常有一片单独的褶皱布料，这是翻罐笼留下的痕迹。[1]

羊腿袖和沙漏形躯干的组合，以及能使穿着者躯干向前倾、臀部向后翘的新式束腰胸衣，催生了一种新的女装轮廓——S 形曲线（S-bend，俗称直前式〔straight-fronted〕、天鹅嘴〔swan bill〕、蛇形〔serpentine〕）。这一风格的宗旨就是使腰围尽可能细，在最极端的情况下，会使女性躯体前倾到仿佛马上就要栽倒的程度。这种新型的束腰胸衣将胸部束得非常结实、扁平，制造出“单胸”（mono-bosom）效果。为了保持视觉上的平衡，当时的人喜欢戴超大的帽子、高头饰，塑造出一种头重脚轻的效果。在身体的另一端，裙摆自膝部向外张开，并通过缝在底边和连在衬裙上的饰边形成如泡沫一般的大片拖裾。这种外观由广受欢迎的轻薄透气面料雪纺（chiffon）、双绉（crepe-de-chine）创造；而服装要撑出形状，则需要用塔夫绸和棉布等稍硬的材料制作的假底边（false hem）。查尔斯·达纳·吉布森（Charles Dana Gibson）的讽刺速写中塑造的“吉布森女孩”（Gibson girl）形象令这种衣着造型流行起来，成为十九世纪颇受认可的一种时髦风格，并衍生出了让女演员卡米尔·克利福德（Camille Clifford）及其他一些偶像明星成名的所谓“时尚女孩”（It Girl）形象。塑造 S 形曲线的束腰胸衣持续流行，直到 1908 年左右出现包覆位置在胸部以下、长度及臀的款式为止，这种款式随着帝政

三件式贴身女装
约 1895 年
洛杉矶艺术博物馆

式高腰服饰的复兴一同到来，将下腹部和臀部的线条变得平滑流畅。

在女性躯体被塑造成这种极不自然的形状的同时，女性休闲装取得了巨大发展。女性骑自行车时可以选择行动不那么受限的新式服装。灯笼裤（布卢默裤）是这种新式的运动服装中比较极端的款式，在当时可谓声名狼藉，经常遭漫画讽刺，大多数人都不穿（多由其坏名声使然）。更为常见的女性骑车服装是裁剪考究的短外套和稍短的半身裙。为了实现骑行安全，人们宁可修改自行车的设计，也不愿改制女性的休闲装。车架降低，带有裙摆遮板（skirt guard）的自行车应运而生。因为制造商知道，穿灯笼裤或开衩裙，甚至长只及小腿的下裙，都会让很多女性感到不自在。

1890 年代，女性在社会中扮演的角色日益多样化，一些女性不再只是妻子和母亲，也成为学生或职场人士（主要是售货员、教师、秘书和其他文职），她们因而减少了从事传统“女性”活动比如做衣服的时间。按照巴黎时装插画制作最新款的服装不再昂贵，意味着几乎所有人都可以做出时髦的衣服，当然，所用的布料和装饰很少像时装插画里描绘的那样奢华。社会对女性的角色和形象认知上的变化与十九世纪末西方世界的“世纪末”（fin-de-siècle）概念是分不开的。人们用“世纪末”这个词语来描述一种随熟悉的时代结束而来的萎靡不振、焦虑和其他心理上的不安。1899 年，英国报纸《伯明翰每日邮报》（*Birmingham Daily Post*）发表了一篇评论，很好地概括了这种忧虑：

> 我们必须把 1900 年当作一件琐事、一个不重要的新纪元……有些人会相应地感到悲伤和沮丧……十九世纪取得的巨大成就似乎已付诸东流……唉，世纪末，我们终将亲眼见证如今执掌风云的人物凋零……下个世纪将会出现新的面孔（与新的困难）……再也不能像过去那样高枕无忧地墨守成规了。[2]

与这种朦胧的不安相伴而生的是一种对“新女性”的普遍猜疑，她们参加体育运动，经常与男性混在一起，她们上大学、就业的比例越来越高，不可避免地逐渐对婚姻和孩子失去兴趣。传统价值观被取代，新兴思想所根植的理论有的合理有的偏激；这个时代的服装试图保持平衡：一方面像以往那样打造约束性的轮廓，一方面将来自各方的影响，渗透到主流和前卫的各种设计当中。

尽管如此，女性进入劳动力市场的进程，刺激了受男装剪裁影响而更为实用的

兵工厂的工人与主管

约 1915—1916 年，威尔士

妇女们穿着系腰带的外套、裤子和长靴

服装的流行。由短外套和半身裙组成的两件式套装，配上衬衫（通常称为仿男式女衬衫〔shirtwaist〕）、浆洗硬挺的领子，有时还有领带，是这批更独立的新女性的职业装。即使对那些仍坚持传统、谨守性别差异的女人来说，也终于实现了服装的多样化，而且几乎所有女性，不论其教育背景还是职业抱负，穿独立的半身裙和衬衫都很常见了。[3] 虽然人们接受实用的衣服，但更为“女性化”的裙装始终更受欢迎。本章中就有案例使用了带花卉图案的轻薄面料，上覆蕾丝和雪纺，展示了人们对温婉和优雅的恒久追求，以及通过时尚展露传统女性美德的执着。

现实情况是，随着服装改革和唯美裙装运动当中别出心裁的例子越来越多，到 1900 年，人们（甚至连改革者自己）对于严肃看待服装改革的兴趣大为减弱。尽管许多人都觉得时尚裙装需要改变，但事有轻重缓急，从更为重要的解放议题上分心，去关注裙装这类“无足挂齿”的小问题，是十分不应该的。时尚似乎正以自然、渐进的方式，随时间推进而发展着。

第一次世界大战爆发前是一个动荡不安的时期，人们对于政治气氛的不断变化充满了狂热的期待。由于战争，女性见证了服装改革迄今为止最大的进步，这主要由两方面原因导致：一是战争期间实用主义的影响；二是战争十分需要征募妇女参与，特别是从事如弹药制造等工作，这些工作通常非常危险，如果不穿实用的服装，工作就不可能进行。然而，在实际需求取代时髦需求之前，世界高级时装界也涌现出一批极伟大的创新者，包括雅克・杜塞（Jacques Doucet）、马瑞阿诺・佛坦尼（Mariano Fortuny）和露西尔（Lucile）。保罗・波烈（Paul Poiret）无疑是其中最有名的，他被普遍赞誉为当时女装新造型的创始者。虽然他的“灯罩式”束腰外衣（lampshade tunic），以及他对哈伦裤（harem pants）的喜爱使他显得过于前卫，但是他的新式筒形轮廓和善用“异国情调”的才能（他因与俄罗斯芭蕾舞团合作，以及舞剧《天方夜谭》〔*Scheherazade*〕的成功而大放异彩），在时尚界引发了更强烈的反响。

婚礼礼服

约1890年，蒙特利尔麦考德博物馆

这套由罗纹和云纹丝绸制成的两件式罩裙属于一位加拿大新娘，结合了高级时尚元素和一些不同寻常的特征。它与十九世纪后半叶女性获得文凭和学位时所穿的“毕业袍”（graduation gown）有些相似。用白色或乳白色面料制作的毕业袍通常可以在日后作为婚礼礼服再次亮相。

裙装上衣上半部分有四排抽褶，使衣物构造更清楚，加强了这套裙装垂褶的斜角走向，也让穿着者在这套版型僵硬的丝绸服装中有了一些活动的空间。1893 年，一篇新西兰时装专栏文章这样描述这种工艺的广泛流行：“抽褶被大量使用……不仅用来做覆肩，也用在领口制造效果。”[4] 从十九世纪中叶开始，这种趋势就很明显了，而图示罩裙则说明抽褶一直流行到 1890 年代。

裙装上衣前襟为斜叠式（surplice），左侧衣料延伸到右侧上方，用钩眼扣固定在裙装背部中央。《纽约时报》也提到了这种设计风格在时尚裙装上衣上流行的情况：“斜叠式以各种变化形式出现在不同用途、不同面料的正式衣着上。”领口的小 V 形是借由斜叠做出的效果，在 1890 年代早期似乎是一种非常流行的造型。《纽约时报》也谈到过某件类似的裙装上衣上的 V 领造型：“前襟从左盖向右侧，在颈部附近相交，形成一个很小的 V 形。”[5]

1880 年代早期，下裙在臀部与身体极为贴合，向下展开，使下裙呈钟形或郁金香形。

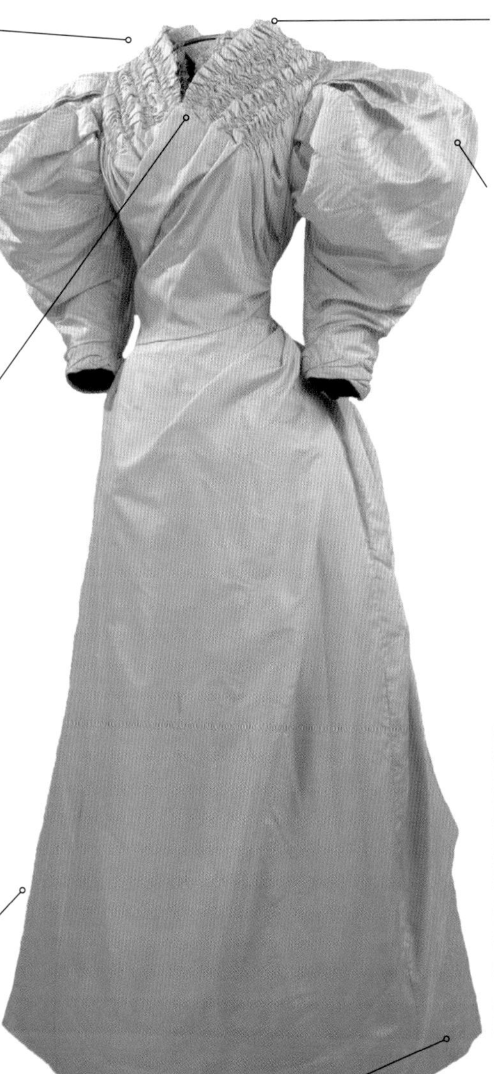

布料斜向交叠并打褶，从裙装上衣的背部中心开始，延伸过肩膀，直至胸部。

大约在 1895 年左右，羊腿袖尺寸达到最宽，但这个例子表明，羊腿袖在 1890 年代初就已经很突出了。

对新娘时尚来说，1890 年代是重要的十年：过去的婚礼礼服可以用任何颜色的布料来制作（棕色和紫色在十九世纪大部分时候都很流行），只会避开白色、乳白色和象牙色等颜色，但到了这时，这类柔和的浅色调婚礼礼服才更像是常规的新娘服。新娘也会穿戴白色、乳白色或象牙色的配件，如面纱、手套，以及下图所示的这种鞋子。

牛津鞋（Oxford shoes，婚礼鞋），美国，约 1890 年，洛杉矶艺术博物馆

这套裙装侧开衩的外裙很有特色，正面为拼片设计，背面稍稍悬起，形成一个小小的垫臀造型。1890 年代，带有这些已经过时的特点的外裙短暂复兴过一段时间。

日装

约1893—1895年，西澳大利亚州斯万吉德福德历史学会

这套黑色花缎裙装曾属于一位地位颇高的欧洲移民的妻子，是西澳大利亚州重要的历史文物。这套裙装由当地裁缝制作，裙装上衣和下裙都体现了当时欧洲和美洲的最新潮流。羊腿袖是这一时期极易识别的一个特征，是典型1890年代早期较为“下垂”风格的样式，并塑造出了极为流行的沙漏形裙装轮廓。

裙装上衣为前扣式，有一排有柄扣子（shank button），扣子有十六颗，呈八角形宝石状，闪闪发光。[6] 对于表面装饰不那么华丽的裙装来说，扣子尤为重要。

裙装上衣背面有四根鲸骨，正面有两根，每根鲸骨都用棉套包裹，缝在内缝里。值得注意的是，与欧洲流行的服饰相比，这套裙装里的鲸骨鞘较窄，数量也较少，所用鲸骨比欧洲常用的更细。这样设计主要归因于西澳大利亚州的气候。

裙装上衣前后都缝有黑色的机绣网纱织物，在中间形成一个V形，在颈部形成了一个环形覆肩装饰，围绕在颈部。

裙装上衣背部中央的最下方形成了一个深深的尖角，比正面的尖角还要长三英寸。蕾丝镶片逐渐收窄，引人目光向下，突出了裙腰的形状。

这些羊腿袖在肘部以下变得相当贴身，但是在腕部稍微向外张开，在外侧缝线处缝入了一片网纱。

当时腰部可能搭配了小臀垫，以撑起后摆，并充分展示出花缎（一种带花纹的织物）最抢眼的效果。

下裙形状简单，由六片布块缝制而成，通过侧前方的开口（placket，指位于裙摆和裤子上方开口的部分，方便穿着）扣合。[7]

下裙底边带饰边，没有拖裾，但由于拼片衬裙的支撑和扩展，往下时微微张开。

可换袖裙装

约1895—1896年，悉尼动力博物馆

这套红褐色日装购自大卫·琼斯百货商店，这家百货商店是至今仍在经营的世界上最古老的连锁百货之一，也是重要的历史指标，反映了澳大利亚各大城市尽管与伦敦、巴黎等时装之都距离遥远，但也是时尚的前沿中心。1896年，《悉尼先驱晨报》（*Sydney Morning Herald*）将这家商店的陈列室和产品目录评价为："保证能满足最挑剔的品味。"[8]

这种打褶的翻领也被称为绕肩宽饰带（bretelles）。丝绸锦缎翻边从这件三层裙装上衣的开口处伸出，在袖子上向外张开。

缝纫机的广泛使用使得做复杂的裙装更加快捷容易，也意味着可以花更多的时间手工制作表面装饰，如这里的丝绸玫瑰花结和铜质珠饰。

正面平坦的拼片下裙在背面延伸出一个拖裾，很有当时的特色。这套裙装底下可能要配底边有饰边、微微张开呈喇叭形的拼片衬裙。

在羊腿袖宽度达到顶点的同时，下裙底边也变宽了，常需要用到超过五米的布料。

1890 年代中期，羊腿袖已经很突出，比之前几年的更宽更硬也更长。为了保持这种形状，需要采用硬质衬里（就连金属丝制作的袖撑都短暂流行过一段时间），就像 1830 年代的气球形袖筒。

1890 年代中期的报纸提到"或长或短"、"腰部装饰褶襞极尖"等各种造型的巴斯克衫都很受欢迎；也谈到了人们对外裙新产生的热情。以上两者在这个例子中都有体现。[9]

像这样的时尚款式不再只限于富人阶层穿着。在这个时代，"成衣"（readymade）比以往任何时候都普及，并开始打破权贵和富人才穿得起做工精良的时髦服装的局面。与这种变化相伴而来的，是欧洲、美洲和澳大利亚的百货商店不断发展，满足着正在兴起的城市中产阶级的需求和消费欲望。虽然服装师（与裁缝不同，服装师也设计服装）仍炙手可热，但成衣的普及凸显出生活节奏的加快，以及消费者需求的不断增长。

裙装

约1897年，洛杉矶艺术博物馆

这是一套两件式日装，图示为背面，由巴黎罗夫时装屋制造。这是一家著名的时装定制机构，一家报纸称它“不按常规制作俗套的罩裙：其服装有自己的表情，并一定会让你看见”[10]。除了创新的剪裁，裙装上衣浅紫和深紫的色彩组合也是当时流行的。

超高领的设计是从 1897 到 1898 年开始逐渐流行的。长而尖的领边装饰引人注目，袖口也有相同造型。

此处的重点是裙装上衣上富有建筑美感的复杂布局，褶裥越过肩膀，在前侧相交，形成一个柔和的 V 形。

这件下裙是 1890 年代流行的无装饰风格的好例子，强调的重点不是表面装饰，而是结构。后摆中央的深褶裥有助于形成平滑流畅的轮廓，并增加了裙摆的体积感。

1890 年代中期，袖子的宽度达到了极致，1897 年左右，它们的样子就已经不再像以前那样夸张了，这套裙装表明袖子有慢慢变小的趋势。图示袖子是一款较小型的传统羊腿袖，向下逐渐变细，在下臂和手腕周围变得紧贴。

一条带黑色玫瑰花结的黑色丝绸饰带突出了细窄的蜂腰（wasp waist），让人想起 1860 年代中期形状类似的瑞士束腰（当时也被称为美第奇束腰〔Medici waist〕或瑞士胸衣〔Swiss Bodies〕）。

这一时期的一些裙装显示，袖子可以用与裙装主体不同的面料。此处袖子很明显用的是华贵的紫色天鹅绒（1890 年代后期，天鹅绒面料很受欢迎），而裙装其余部分用的是真丝斜纹绸。

这个例子清楚展现了 1890 年代晚期用三角形的布料裁制的拼片下裙。在接下来的 1900 年代，下裙顶部膨起有弧度的线条和底边向外展开都将变得非常流行。[11]

日装或准礼服

约1900年，蒙特利尔麦考德博物馆

黑色狭条蕾丝（tape lace）是这套裙装的主要特征，因底下衬着柔软的粉色丝绸而更显醒目。1901年，一家报纸这样描述蕾丝在当时的流行程度："到处都还在使用蕾丝……有的是衬衫完全为蕾丝所覆盖，有的是袖子用带褶的蕾丝袖口收尾，还有长而尖的蕾丝小垂片。"[12]

20 世纪初，带骨架的高领开始流行。

这对袖子是 1890 年代晚期的小型肩部隆起造型，由于只靠几个抓褶塑形，所以不再隆起到高过肩部。随着时间进入二十世纪，隆起处更加低垂，人们常常可以看到袖筒在肘部以下形成囊袋状，而顶端则又细又合身。

因为蕾丝的布置，露出了部分的底布，其中一块在裙摆的最上端，呈轭形，突出了腰部的位置和前凸后翘的新 S 形曲线。

极薄外裙在臀部设计有一系列省缝，因而较为贴身。下裙的背面和两侧通过打褶聚拢在一起，显得比较苗条纤细，并形成了一道小拖裾。

裙装上衣的鸽袋式（pigeon pouched）正面稍盖住腰部，突出了丰满的单胸效果和小细腰（同时稍稍遮掩了腰部的真正位置）。虽然这时用来塑造 S 形曲线的长款束腰胸衣才刚发明不久，但很快在 1898 年就广泛使用了。在这里，裙装上衣中央有一块胸饰片（这个术语指裙装上衣前侧用不同面料制成的部分），其边缘饰有狭条蕾丝花瓣，使时尚的鸽袋造型成为焦点。

褶边是袖口和领口的流行边饰，这可能是受历史服饰的影响，也为有趣的蕾丝设计提供了一个展示的空间。

柯曾夫人的晚礼服

1902—1903年，巴斯时尚博物馆

这套华丽的两件式晚礼服是巴黎时装界杰出代表沃斯时装屋为印度总督夫人柯曾女士制作的，当时该时装屋由创始人查尔斯・弗雷德里克之子让・菲利普–沃斯（Jean-Philippe Worth）经营。这套晚礼服是爱德华时代早期风格的一个缩影：束腰胸衣、带拖裾的喇叭形下裙、位置偏低的自然腰线等新时尚，共同塑造出了S形曲线（或称天鹅嘴）。

束腰胸衣，约 1900 年，洛杉矶艺术博物馆

束腰胸衣笔直的前侧将女性的臀部向后推；胸部相对有些裸露，也未受支撑，位置变得较低。

这件裙装上衣的特色是领口开得很大，几乎要从肩膀滑落，创造出十九、二十世纪之交时晚礼服上流行的袒胸露肩造型。

裙装上衣用一排钩眼扣在正面扣合，华丽的镶片从右往左覆在正面的钩眼扣上，并用另一组钩眼扣在身侧固定，形成流畅不间断的线条。

可拆卸的饰带系在自然腰线之下、臀部顶端之上，突出了当时新流行的体态曲线，并把人们的目光吸引到前方平坦、装饰繁复的裙摆上。

罩裙上绣着四百多片橡树叶图案，树叶周围有饰绳和丝缎制作的边缘轮廓。前摆的这些树叶相连成圈、叶尖朝向前方，将人们的注意力集中到前凸后翘的 S 形曲线上。

底边处柔软的丝绸雪纺与裙装上衣的边饰相呼应。绉纱、纱布、巴里纱（voile）之类柔软轻薄的织物经常用作边饰，尤其在晚礼服上。从 1900 到 1905 年，这些织物上还经常配有刺绣、贴花、珠子、亮片等装饰。

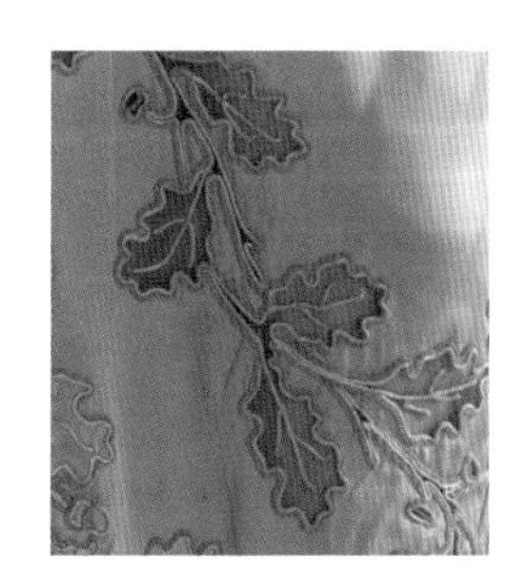

婚礼礼服

1905年，新南威尔士州曼宁谷历史学会

这是一套来自澳大利亚东海岸的四件式丝绸雪纺婚礼礼服，显示出澳大利亚对欧洲和美国的最新流行趋势的敏锐洞察，也反映了那些定居于殖民地，并从中获利的富裕家庭是何等富有。

两根骨撑分置立领两侧，起加固与支撑作用。

裙装上身的V形开襟上有一个大而平的下翻衣领（领边像袖口一样，饰有打着褶裥的透明硬纱，这是后来添上的装饰），内层是一件机织的高领——端庄领（modesty neckline），模仿裙装正面的模样，上面饰有三朵素缎小蝴蝶结。

宽领稍稍盖过腰部，突出S形曲线所塑造的向前倾斜的鸽胸式前身。

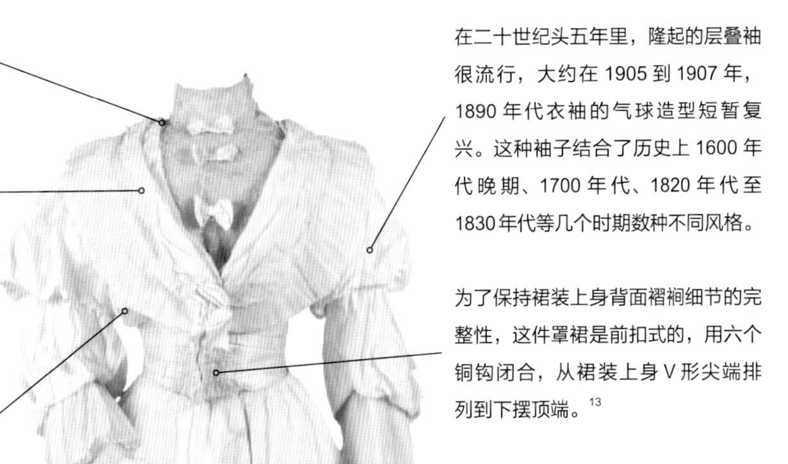

在二十世纪头五年里，隆起的层叠袖很流行，大约在1905到1907年，1890年代衣袖的气球造型短暂复兴。这种袖子结合了历史上1600年代晚期、1700年代、1820年代至1830年代等几个时期数种不同风格。

为了保持裙装上身背面褶裥细节的完整性，这件罩裙是前扣式的，用六个铜钩闭合，从裙装上身V形尖端排列到下摆顶端。[13]

底边上有几条机织的蕾丝，以不同的材质为裙装的底部增添了一些观赏性。后摆向外张开，呈喇叭形，但没有拖裾。[14]

接下来的几年，一件服装上混合不同颜色与色调的做法将变得更加流行。此处可见几种明暗色调，从象牙色到咖啡色，把传统上对彩色婚纱的偏爱与当时崇尚白色、乳白色、象牙色和金色的新风潮结合在了一起。

婚礼礼服

约1907年，蒙特利尔麦考德博物馆

这套精致的婚礼礼服的覆盖层几乎全由巴腾堡蕾丝（Battenberg lace）制成，巴腾堡蕾丝是一种使用编结带制造的蕾丝。当时流行的用其他工艺制作的蕾丝还有爱尔兰钩针蕾丝（Irish crochet）和机织蕾丝。到十九世纪后期，编结带的机织使生产各种各样的巴腾堡蕾丝变得更为方便快捷，以网格或蕾丝针法为基础，可以变化出无穷多的花样。

这一时期很流行前开式裙装上衣，因为可以展示内层装饰精美的衬衫，或类似于本例的假无袖紧胸衬衣。虽然此时晚礼服露出的颈和肩的面积已远超以往，但就日装（包括婚礼礼服）而言，人们仍希望女性适度地遮住脖颈以显庄重，这一风气直到 1910 年才开始慢慢改变。

裙装上衣的鸽胸式前身增强了流行且极有特色的单胸效果。

宽裙腰中央饰有三枚蕾丝大花朵，把人们的注意力吸引到纤细的小蛮腰上。

饰有小珍珠的橙色圆形花饰直接缝在网纱背布上，这些花饰装点在裙摆周围若干有精致绣饰的竖直的布块上，整片蕾丝又被这些竖直的布块划分成一块块区域。

微微膨起的袖子往手肘处逐渐收紧变细，这种衣袖直至大约 1909 到 1910 年才退出时尚舞台。

这些轻薄的内袖饰有一道道饰边，由桃色带子固定。好几个时尚专栏在讨论 1907 年的流行风格时，都提到了这种褶边效果，也建议人们在家做衣服时使用这种简单、划算的方式，为罩裙添加点缀。

底边的一圈垂幔状装饰缝在略微打褶的六角网眼薄纱边缘上，照应了领口和衣袖上段的细节设计。

夏装

约1904—1907年，匹兹堡希彭斯堡大学时尚博物与档案馆

蕾丝麻衣或细麻布裙装（有时简称为白衣［whites］）在整个1900年代都很流行，经常用作夏装，使用的面料非常轻薄，无衬里。有了缝纫机和机织蕾丝，意味着更多的女性可以穿这种时髦的裙装。

一条蕾丝带横贯裙装上衣，这或许预示着帝政式高腰线即将再次流行。

这是一件典型的囊袋形（或称鸽胸式）裙装上衣，突出了前倾的躯干。大约在 1906 到 1907 年，许多裙装都分成两部分：上衣和下裙，上衣用钩眼扣固定（大约在 1903 年之后，还可以用不锈钢摁扣固定）。[15]

下裙上方轭形的裙腰把多余的织物聚拢起来，衬托臀部的纤细体态，不久之后，时尚界对于纤细臀部的重视将达到巅峰。设计者有时会使用宽腰带或瑞士束腰来实现类似的效果。

1903 年，德国乡间相似的轻便夏装

高领仍是日装的主流。此处的领子向下呈简单的轭形，打着一排排整齐的抓褶，边缘的蕾丝与衣服上其他地方的相同。在上衣、袖口和底边处，抓褶和塔克褶反复出现，只是宽度不同。

这套裙装的主教袖（bishop sleeve）造型并不夸张。上臂的丰满程度通过可拆缝舒展开的塔克褶来控制，下段的织物在腕部内收，连接蕾丝袖口。上衣上类似的塔克褶给整件衣服带来相互呼应的和谐效果。

这一时期，下裙的裁剪通常是正面既长又直，背面披垂而下，呈喇叭形或伞形，拼片剪裁令底边呈一个圆形。本例采用卷边拼片剪裁延伸出了拖裾。

拖裾较为收敛是这个时代日装的共同特征，二十世纪初的服装改革者不遗余力地呼吁彻底抛弃拖裾，他们认为，拖裾可能会扬起灰尘，导致疾病传播。接下来的几年更实用的女装兴起，这自然意味着拖裾不再受日装青睐。然而在晚礼服的设计中，依然长期保留着拖裾。

夏装

约1908年，蒙特利尔麦考德博物馆

更传统的“女性化”裙装总是很受欢迎，也总能在市场上占据一席之地。覆盖带花卉图案的蕾丝会给人以轻盈飘逸的感觉，本例这样的裙装展现了人们对典雅精致一以贯之的渴望，女性的端庄通过时尚被完美地呈现出来。

同1890年代以后的许多裙装一样，覆肩成为衣物本体上的一种装饰形式，而不再是单独制作的配件，此处的蕾丝织物模仿的就是覆肩。

长袖在肘部稍稍膨起，而从前臂到手腕则是贴身剪裁的。[16]

先前宽松的鸽胸式裙装上衣上的突出织物，在本例中被移向两侧。简单的塔克褶和抓褶塑造出些微的悬垂效果，两条水平蕾丝饰条勾勒出了自然腰线。

公主线式剪裁体现在裙装正面间隔插入的一条条竖直的窄条蕾丝上。上身、裙摆和袖子上最宽的蕾丝镶片是几何螺旋形图案的——名为曲流（meander）或回纹（key fret）。[17] 这种图案源自古希腊，在下面这个公元前800至前760年左右制作的陶罐上就能看到。

几何图案盖瓶（局部），希腊雅典，洛杉矶艺术博物馆

这种图案出现在这件裙装上，是彼时正处于新古典主义复兴早期的标志，从大约1908年底开始，造型更为简约的裙装开始受到推崇。

裙摆仍比较丰满，底边因两边和背部聚拢的饰边而更显宽大。

黑丝缎蕾丝裙装

约1908—1912年，新南威尔士州格里菲斯先驱公园博物馆

这件裙装是1908到1912年之间服装风格转型期的典型造型，是执政内阁时期（1799—1804年）风格的复兴。它来自澳大利亚东部，最新的欧洲式样总是迟一年左右才传到那里。其边饰和细节都体现出新旧融合。

上臂的袖子与斜叠的裙装上身一体剪裁，袖子长至肘部，用缎带饰边，机织蕾丝的内袖（内衬加光棉［polished cotton］）长及手腕。[18]

绣花棉质网格蕾丝是机绣的，便于做出塔克褶、旋涡状花卉图案和扇形边饰等较复杂的设计。上身、袖子和裙摆上都有四道一组的塔克褶，这是当时非常流行的一种装饰方法。

上身的高领内有七根骨条支撑其挺立，紧紧贴合脖颈的形状。从大约1909年开始，这种风格逐渐失宠。

当时的时尚专栏经常讨论饰带，由于那时流行的“服装轮廓简单”，《布里斯班信使报》（*Brisbane Courier*）建议，“在处理装饰细节方面更有可能创新，其中饰带大概是最重要的可创新之处”。这篇专栏文章还描述了一条类似于此处所示的绳饰：“也可以编成宽穗带……简单地系起来，末端每隔一段距离编个绳节作装饰。”[19]

这里的帝政式高腰线非常明显，它是通过腰带强调出来的，腰带上系着饰带（复制品）。前文提到，这种编结、穗状的细节特点可能受到了日本服饰（例如带缔）的影响。带缔是一种系在女性和服的宽饰带上的装饰饰绳，在下面这幅十九世纪的印刷品上可以见到。

照片，英格兰，约1909—1912年，作者家族收藏

这张照片展示了一件与大图非常相似的裙装。层叠的袖子，蕾丝高领，显示出欧洲对澳大利亚的一些主要流行趋势的影响。

歌川国芳，《阿里与权太》（局部），日本，十九世纪，洛杉矶艺术博物馆

晚礼服

1910—1912年，悉尼动力博物馆

这又是一个反映当时时尚界崇尚古典精致比例和帝政式高腰线的例子。与1790年代和1800年代早期的服装相比，这件大约于1911年制作的晚礼服结构更为清楚、线条更为利落，穿的时候配窄衬裙和长度及臀的束腰胸衣，这样的搭配极具1910年代的特色。

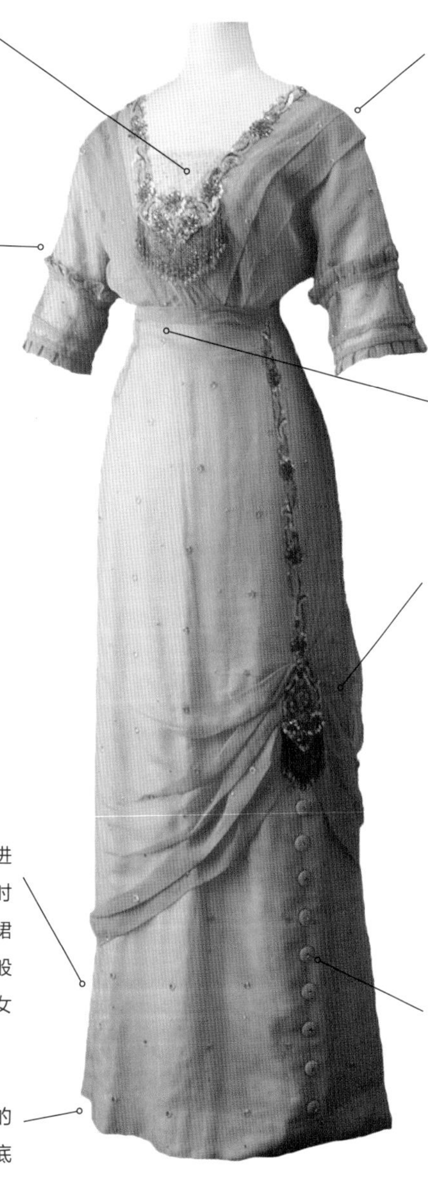

据说这件裙装的主人觉得原本的领口太低，所以进行了修改。此处的丝绸网纱镶片可能是后来添加的，用于遮挡胸前的裸露区域，裙装背面也有类似的细节。[20]

袖口上的两排同色系褶裥装饰让人想起十八世纪的小褶边，其间的网纱镶片上点缀着银色亮片。

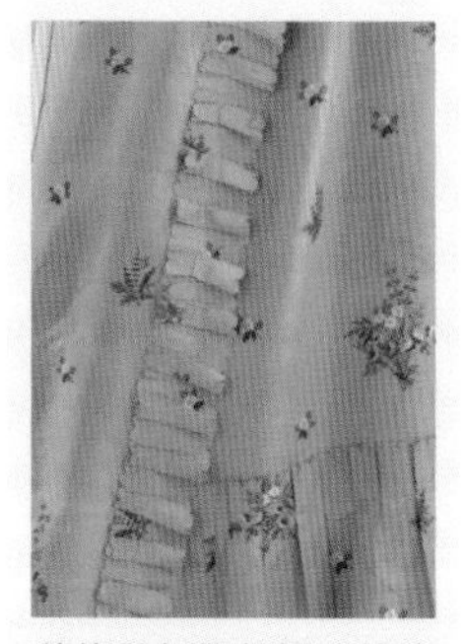

英格兰长袍外裙上的边饰（小褶边），英格兰，约 1770—1780 年，洛杉矶艺术博物馆

蹒跚裙（hobble skirt）在 1910 年左右进入人们的视线，其脚踝处裙摆很窄，最时髦的款式甚至会让人行动困难。本例的裙摆虽窄，但底边略微向外张开，说明一般情况下，即使是最时尚的风格，也会为女性提供一些变化的空间。

商用打板图纸上的说明文字指出，裙摆的长度主要取决于制作者，但此时的裙摆底边很少有高于脚踝的。

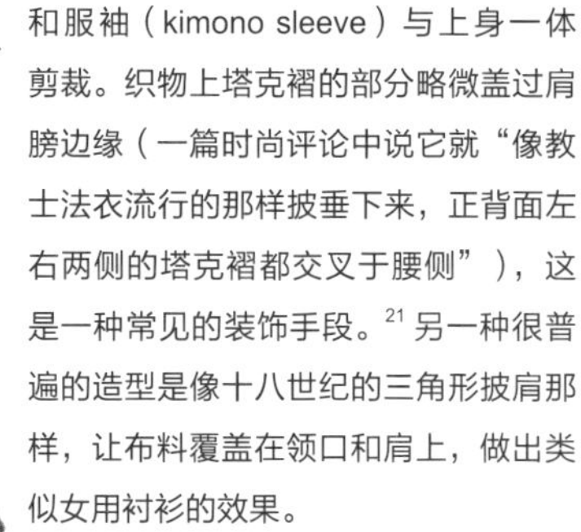

和服袖（kimono sleeve）与上身一体剪裁。织物上塔克褶的部分略微盖过肩膀边缘（一篇时尚评论中说它就“像教士法衣流行的那样披垂下来，正背面左右两侧的塔克褶都交叉于腰侧”），这是一种常见的装饰手段。[21] 另一种很普遍的造型是像十八世纪的三角形披肩那样，让布料覆盖在领口和肩上，做出类似女用衬衫的效果。

这件裙装为前扣式，用一排金属摁扣在右侧闭合。[22]

饰有珠子和流苏的团花装饰将人们的注意力集中到上身和帷幔造型的外裙上。这一时期，珠饰非常流行，团花装饰也经常用于晚礼服和婚礼礼服。1911 年 9 月，塔斯马尼亚的一家报纸说到了类似的装饰：“装饰中出现了珠饰的形态……缀有珠子的团花，装饰在金箔、穗带、黑色网纱或者氧化金属线织物的基底上，五彩纷呈，色泽艳丽。”[23] 像这样的装饰会反射蜡烛、煤气灯或电灯的光，营造出珠光宝气、令人炫目的效果。

此时，外短内长的双层裙摆很流行：外层是轻柔的薄纱，内层是朴素合身的打底裙。打底裙的设计感通过一排九颗与裙装主体同料的包扣而得以加强，每颗中央都有一枚银珠。

女式羊毛套装

约1898—1900年，蒙特利尔麦考德博物馆

套装（或称tailormade）的制作方式几乎和男式短外套一样。1898年，一封来自伦敦的“女士来信”在各种报纸上转载，信中称，虽然套装的面料“各式各样，但其实男式西装面料才是唯一合适的”，在制作这样的礼服时，裁缝发挥的“作用是非常突出的”。[24]

仿男式女衬衫是一种仿照男式衬衫设计的裙装上衣，可以用各种颜色、材质的织物裁制。本例极有可能搭配素面的白色或乳白色仿男式女衬衫穿着，再打一条深色的领带。

上文引用的那封信中，作者所谓的“真正的女装”，其描述与本例非常类似：“裙装上衣为双排扣式（double breasted）设计，两排扣子越往腰部越靠近。袖子上没有任何装饰，肩部也一样。”作者称这种风格为“一百年前的女性穿的骑马服”，并且可以看出这种裙装与十八世纪晚期的定制习惯（后来也越来越成为日装的常见风格）之间存在相似之处。

翻领上镶着相配的深酒瓶绿天鹅绒布块。裙装上衣其余部分和下裙由毛料制成，这是时尚报刊特别推荐的面料。一家澳大利亚报纸就曾建议使用“各种厚重、结实的羊毛织物，如哔叽（serge）、威尼斯缎纹织物（Venetian cloth）、雪福特羊毛料（cheviot）”[25]。

袖子比较朴素，肩部只有很小的抓褶，袖管长而略微弯曲，袖口很贴身，以扣子固定。

1900年4月《昆士兰人报》（*The Queenslander*）提到了一件下裙，与本例的一样简约：“下裙上端很贴身，但……底部展开，形成短而优美的拖裾。”[26] 然而，同年8月《芝加哥论坛报》（*The Chicago Tribune*）指出，这并不是当时套装的制式化造型：“（女式套装的下裙）变得很烦琐……从前的样子那么整齐、那么端庄、那么平整……现在我们看到，女式套装上加了蕾丝，边缘……有穗带……几十条塔夫绸褶边镶在边上。”[27] 与当时时尚报刊所呼吁的，即用穗带、饰绳和线迹进行装饰相一致。

乔治·霍夫（George Haugh），《带枪和猎狗的埃芬厄姆伯爵夫人》，1787年，耶鲁大学英国艺术中心，保罗·梅隆藏品

女式套装

1912年，蒙特利尔麦考德博物馆

本例出自女装设计师路易·桑恩（Louis Sangan）之手，采用浅米色山东柞蚕丝（tussah silk）面料，体现了这一时期女装修长、苗条的特点，是女性在裙装之外的又一种日装选择。

这一时期，宽领在各类日装上都很常见。这个披巾式衣领背后部分宽而直，平覆在肩膀上，仿佛水手服（sailor-suit）的领子。衣领边缘以蓝色和米黄色的扁穗带（soutache braid，一种扁平、细窄的辫状边饰，又称 galloon）做出两排扇形饰边。袖口上也有这种饰边。[28]

1911 至 1912 年，扣子既用来固定也用来装饰。1911 年底，美国女性杂志《描画者》（*The Delineator*）称："当前流行的女装样式在使用扣子方面，不能太随意。"[29] 短外套的下半部分左右两侧各有一块与裙装主体同料的镶片，镶片上有三枚拱顶包扣，前襟扣合处也使用了同款包扣。

短外套的圆弧边与半身裙布块的圆弧边相呼应。

这件 A 字裙的特点是两边各有一片 V 形布块，上面装饰的镶边饰带和扣子与短外套上的风格相同。[30]

半身裙长度刚过脚踝，应搭配宽檐帽子，以及高至脚踝或小腿的皮靴穿着。

半身裙的正面布块饰有穗带包边的假扣眼，背面布块边缘相应地缝上了一排扣子。[31]

灰缎晚宴大衣

巴黎，约1912年，蒙特利尔麦考德博物馆

之所以在这里展示这件大衣，是因为它代表了一种当时非常流行的风格——和风，并展现了时髦的新式高腰裙装如何搭配衣饰，图中水洼式拖裾（puddle train）和窄底边特别值得注意，后者在西方演变为时髦的蹒跚裙。

1854 年，日本与欧洲的贸易开通，由此产生了以日本艺术为中心的独特审美文化。时尚也从中汲取灵感，调整了流行裙装及其基础设计理念的发展方向。尽管女性解放取得了长足的进步，但《天皇》（*The Mikado*）和其他受欢迎的戏剧中典型的温顺日本女人，及其构造复杂的服装，却似乎成为令人向往的女性形象。而此时的日本女性却如下面这张 1888 年的版画所示，经常穿西式裙装。在日本本土穿和服的人越来越少之时，西方人却羡慕起和服的宽松舒适。

月冈芳年（1839—1892 年），《散步前：明治时期的一位贵族夫人》，1888 年，洛杉矶艺术博物馆

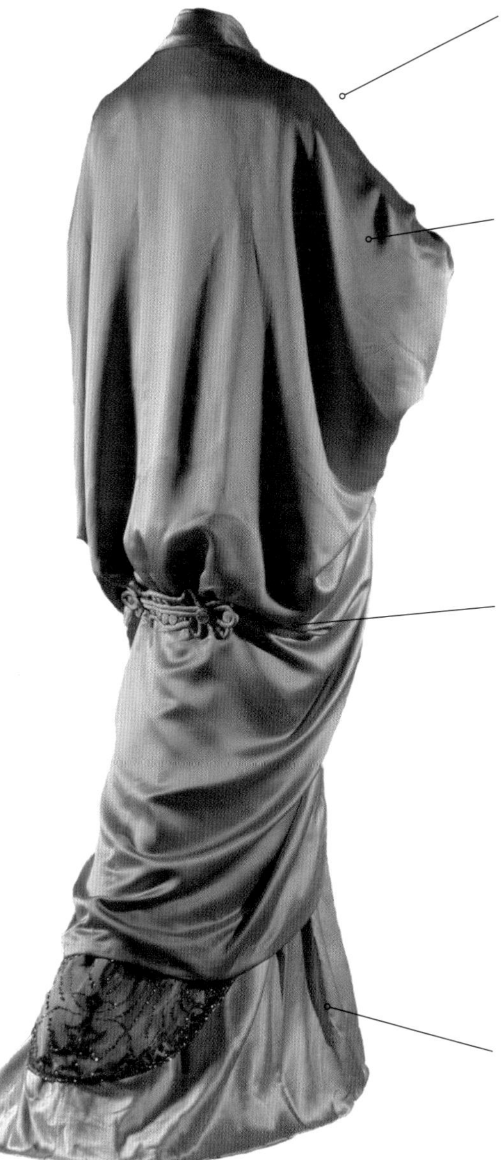

这件直裁大衣由肩部提供支撑，是几十年来第一次将重点从腰部移开的设计，设计师保罗·波烈是这种改变的关键人物。

宽大的德尔曼袖（dolman sleeve）长度刚刚盖过肘部。大约 1912 年之后，流行的七分和服袖就不常见了，取而代之的是更长的袖子，且通常是双层的。

这种大衣前面多是敞开的，如本例所示，用侧扣式搭环（通常由饰绳编结而成）在臀部水平处系紧。这件大衣背面也有类似的扭曲的穗带（让人想起日本的组纽，通常是绕在传统和服的腰带上打结系紧），凸显并固定收束在背部的衣料。具体做法是在膝盖后面把大衣衣料拉紧，做出了西式裙装和日本和服都有的流行的“蹒跚裙”造型。[32]

大衣没有拖裾，底边甚至不着地，露出了里面的裙装，展现出不同的颜色和质地，这种设计也许是受某些种类传统和服独立制作的底边的影响。

女式三件式套装

约1915年，蒙特利尔麦考德博物馆

从二十世纪初开始，两件式或三件式的套装就开始流行，与裙装，以及半身裙搭配衬衫的组合并驾齐驱，成为许多女性的日常服装。图中的套装大约制作于第一次世界大战早期到中期，展示了这个时代更宽松也更大的女装轮廓。时尚记者曾用“松松垮垮”但“理性”来形容这类服装，很适合在大后方承担起更重责任的女性。[33]

三件式的第三件是缎子和透明硬纱材质的粉色衬衫，附有扇形蕾丝贴花领（像水手领一样翻开，覆在上衣上）。衬衫外是两侧开衩（vented）的乳白色羊毛波蕾若（bolero）。[34]

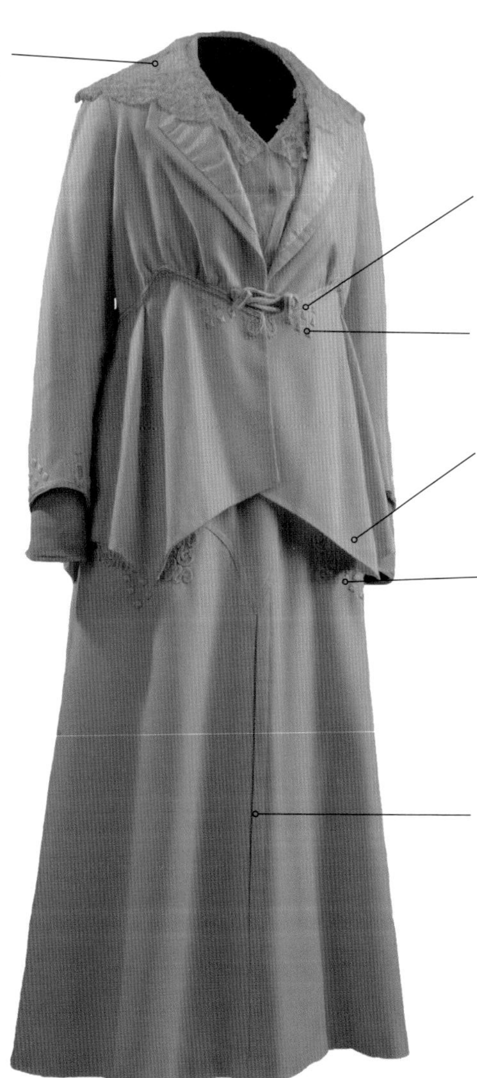

像这样的手工漆扣，颇具中式风格，是常用来扣合短外套和大衣的流行新式扣件。

短外套的高腰线延续了始于战前的高腰复兴风潮。

尖角手帕状的短外套底边一直延伸到臀部。

半身裙两侧都有丝绳贴花，背面系着一条乳白色的丝绸宽腰带（cummerbund，一种硬挺的腰带）。[35]

底边稍向外展，显示出管状裙形不再受人们青睐。半身裙顶端是双缝（double-stitched）裙腰，前后中央各有一条双缝线。[36] 在第一次世界大战期间，这种风格的半身裙会变得更加宽大，波浪起伏也更为明显，并在1915到1916年左右开始成为主流。

带宽水手领的裙装，约1917—1918年，作者家族收藏

日耳曼家庭的合照，约1915—1916年，卡斯廷家族收藏

在这张图中可以看到一套与大图风格相似的套装，短外套底边不对称，衬衫领子宽大。小女孩衣服上的传统水手领也值得注意。

第八章 1918—1929

一战结束时套装成为女性的基本日装。四年战争期间，报纸上常会预测裙摆会变宽还是变窄，这是女性特别关心的话题，而裙摆的变化趋势很大程度上取决于衣料配给量。1917 年 8 月，《每日邮报》（*Daily Mail*）报道说：“时尚女性……完全被巴黎报纸上的一则声明吓到了，说由于政府下令限制羊毛制品的使用量，今后裙摆将变得又窄又短。”[1] 报道中也提到，每套衣服只能用长四码三十二英寸，宽一又三分之一码的衣料，还安慰读者“这些衣料对于一个中等身材的法国女性来说是足够的”。考虑到战争期间流行多层、结实的设计，也难怪政府会做出如此限制。在经历了束手束脚的蹒跚裙之后，虽然宽摆裙更舒适、更实用，但人们仍会搭配约 1910 年以来一直流行的腰线稍高的设计。

一战时，人们生活动荡、节衣缩食，因此新款式的流行速度并不快。1918 年的一期《时尚》（*Vogue*）杂志称：“战争对物资和人力的巨大消耗，其影响都体现在人们衣服的价格上了。”但是也指出了“乌云背后的一道光明”，那就是“苗条的轮廓重新流行，缓和了衣服造价升高的矛盾。这一季一套服装的用料比上一季减少了近一半”。[2] 虽然在战争末期，裙摆体积出现了轻微的回升趋势，但战争初期流行的宽裙摆在战争即将结束时已不复存在。在拍摄于约 1918 至 1919 年的一张年轻夫妇的照片中，妻子的着装是当时大部分女性的真实写照，她穿的裙装带有强烈一战前流行风格的气息——高腰、双扣，以及裹身式前襟（wraparound opening），这些都是当时很受欢迎的设计元素。与一战前风格的主要区别在于，照片中的裙摆短至脚踝以上，衣领为水手服风格，这两个特点都是战争刚结束时很常见的。下摆的长度尤为值得注意，反映出这件裙装很有可能曾根据潮流变化而改造过。

接下来的十年，低腰、男女同款的风格流行起来，这种风格与“轻佻女郎”（flapper girl）、禁酒令时期美国的非法酒吧密不可分的关系家喻户晓。伊夫林・沃（Evelyn Waugh）在小说《故园风雨后》（*Brideshead Revisited*）中形象地概括了典型的轻佻女郎的体态：“胸部平平，腿儿细细……长手长脚长脖子，身材没曲线，好似蜘蛛精。”虽然当时在舞池、俱乐部、酒吧，甚至大户人家的客厅里，都能见到穿着轻佻女郎风格服装的女孩，但在日常生活中，大部分女性穿的还是这类风格当中不那么极端的款式。[3] 虽然有这样的流行风潮，但社会各阶层仍有着严格的衣着道德规范，因此 1920 年代很多女性穿的都是裙摆更长、色调更单一、把高级时尚形象加以严肃化之后的衣服。

更短的裙摆、裸露的手臂、短发、头盔般的钟形女帽（cloche），全都彰显着

裙装
约 1918—1919 年
英格兰肯特郡
作者家族收藏

套装
约 1918 年
蒙特利尔麦考德博物馆

言论上的自由、两性关系的解放和对生活怀有更多憧憬的时代风气。经历了一战的创伤后，抱持这种乐观主义是否合适，人们看法不一。包括珍妮·朗万（Jeanne Lanvin）、雅克·杜塞在内的一些女装设计师注意到人们的保守态度，面向中老年女性推出了一款裙装，名为“风格长袍”（robes de style），也称“绘画女装”（picture dress）。这种裙装沿用了当时流行的落腰（dropped waist）设计，采用更宽大的披垂裙摆，更传统的女性化剪裁。它通常（尤其是作为晚礼服时）穿在十八世纪风格的篮式裙撑外，塑造出令人熟悉的宽臀轮廓。上了年纪的女性很喜欢这种新旧碰撞的风格，因为可以自在享受低腰的新设计中某些她们比较能接受的部分。风格长袍在 1920 年代最为火爆，并一直延续到 1930 年代，只是形式和装饰随流行趋势发展稍有改变。纽约大都会艺术博物馆的一件藏品就是一个很好的例子——这件 1939 年制作的长款裙装，出自薇欧奈夫人（Madeleine Vionnet）之手，其特点是轻薄的雪纺面料裙摆内置篮式裙撑，高露背领（halter neck），装饰低调。1934 年的一篇文章写道，当时穿风格长袍的人觉得自己“穿得像奶奶做的毛绒马玩具……总有一些人有自知之明，知道自己天生不适合穿歌剧院首席名伶穿的那种衣服”。尽管如此，《密尔沃基哨报》（*The Milwaukee Sentinel*）的时尚专栏还是大力称赞了更为低调沉稳的风格长袍，认为这种裙装的裙摆虽然底部外展，但整体设计更修身，专栏的作者评论道：“只要添上一点浪漫气息……这件风格长袍……就能完美地塑造柔弱的女性美。”[4] 这篇文章，以及其他证据都表明，进入 1930 年代以后，并非所有的女性都追求男孩子气的轮廓，风格长袍的影响力并没有随着 1930 年代的到来而消失。时尚界的“浪漫主义”似乎仍推崇长裙摆及古典魅力，而各种不同样式的风格长袍恰好迎合了这种审美需要。

高级定制女装的世界里，东方主义在一战前便激起了包括保罗·波烈在内的一大批设计师的兴趣，并在 1920 年代引发了一场新的艺术风潮：装饰艺术风（Art Deco）。装饰艺术风延承自新艺术运动（Art Nouveau），不再重视历史影响，选择朝着抽象审美方向发展。1925 年的国际艺术装饰与现代工业博览会对装饰艺术风的接受与传播起到了举足轻重的作用。作为主办城市的巴黎也在一战后，借由这场博览会捍卫了自己时尚之都的名誉；来自全球的参展者和访客都将法国视为这场装饰艺术风新浪潮的中心点。装饰艺术风对各种装饰性工艺都产生了巨大影响，而法国也占据了服装制造业和服装设计界的核心地位。以薇欧奈夫人为代表的极富影响力和创造性的女装设计师们，将现有的“异域风情”元素（从日本折纸到中国汉字）融入当时最前卫的各种艺术运动（如立体主义、未来主义和其他早期的抽象主

左图
贴花风格长袍
复古衣料
约 1924 年，美国新罕布什尔州

右页图
保罗・波烈风格晚礼服
约 1918—1920 年，德国
私人藏品

义形态）当中。新古典主义也在时尚前沿占有一席之地——这一点从立体主义艺术家大力推崇古希腊罗马时期的几何造型设计便可见一斑。

十九世纪中期，出现了第一批高定沙龙，这些沙龙只为社会上层提供定制服务，鲜少直接售卖成衣（法语 pret-a-porter）。到了二十世纪，情况有所变化，可可・香奈儿（Coco Chanel，1883—1971 年）等设计师开始在沙龙里售卖成衣，也使竞争更加激烈。香奈儿通过这种方式，向战后生活越来越独立的职场女性推出了适合于她们的风格简洁自由、售价便宜的服装。香奈儿也率先在女装中使用平针织面料（jersey，在她之前，这种面料基本只用来做男装，特别是男士内衣），这一颇有创意的做法强调舒适，推广了女性休闲服这一概念。香奈儿的设计大多崇尚简洁，采用简单的直线条，突出典雅之美，将女性从束腰胸衣的束缚中解放出来。二十一世纪的设计师追求将高级设计感和现代生活需求相结合，而香奈儿的设计却早一步将这一理念付诸现实并推行开来，对如今的设计师和高级时装店都有着深远的影响，她可能是世界上第一个达到如此地位的设计师。[5]

网纱丝绸晚礼服

1918年，罗利北卡罗来纳州历史博物馆

这套金色丝绸配黑色网纱的裙装是专为晚宴场合设计的。一战导致物资匮乏，使得定做一套新晚礼服对很多女性来说都是奢望。1918年5月，《芝加哥论坛报》建议道，最经济的做法就是把自己的准礼服改成晚礼服，因为“时髦的准礼服常由色泽柔和的素缎……（外覆）网纱或蕾丝制成”，只需要添些小绣饰，就能当作晚礼服穿。[6]

威廉·勒罗伊·雅各布（William Leroy Jacobs），《穿蓝裙子的女人》，1917年，华盛顿国会图书馆印刷品与图片部

上面这幅创作于1917年的美国肖像画中，一位年轻女士穿着款式简单，与大图风格类似的裙装——网纱袖、方领口、宽饰带、长及脚踝的裙摆。她的鞋子是典型的搭配这种裙装的中跟鞋。

两条黑色褶皱网纱从饰带向上伸出，经胸部披盖肩膀。两肩不对称的带垂褶网纱，形成了轻薄的尖角手帕状的盖肩袖（cap sleeves）。

1918年以前，晚礼服流行与图中类似的低开的方领口或圆领口，而日间穿着的裙装则流行高领设计。

宽幅黑色天鹅绒饰带在后背中线处打了一个显眼的蝴蝶结。蝴蝶结位于高腰线位置，直接连着上身背部中央系合处。

外裙上带有装饰，底边通常会被裁剪成特殊的形状，这在当时的日装和晚礼服设计中都很流行。此处前后中央各有一个极尖的角，扇形边缘饰有金色刺绣。布料在腰部周围打着褶，底边两侧较短，塑造出了臀部的宽度。

外裙上的金色刺绣可能是机器绣的。这种技术于十九世纪在瑞士首先实现商用，到了1870年代，席弗里刺绣机（Schiffli）就已经广泛出口各国了。从十九世纪末到二十世纪，随着成衣市场崛起，机绣逐渐流行起来。[8]

《芝加哥论坛报》评论称：“裙摆长度取决于穿着者。”而且，长短不是关键，重要的是无论晚礼服还是日装都需要搭配跟鞋，“（因为）要是不穿一双装饰得精致的跟鞋，并露出脚踝的话，你这个人就不值得一看了”。[7]

马瑞阿诺·佛坦尼的茶歇裙

约 1920—1929年，罗利北卡罗来纳州历史博物馆

出生于西班牙的马瑞阿诺·佛坦尼（1871—1949年）是二十世纪最具影响力的设计师之一，他设计的贴身服装为理性裙装和唯美裙装的倡导者们带来莫大鼓舞。灵感来自古希腊贴身长袍的裙装“德尔菲”（Delpho），其简单的线条和滚制打褶技术（于1909年申请专利）使这一裙装很快成为佛坦尼的独特标志。下图是一件茶歇裙，但采用的却是1920年代以来崭新而自由开放的服装设计理念；佛坦尼设计的许多晚礼服也同样大受赞誉。

来自威尼斯的玻璃珠连接着肩膀缝线的两侧，并一直延伸到袖子主体上，这一细节的设计灵感也来自古希腊的贴身长袍和女式长外衣（peplos），为裙装增添了不一样的装饰效果。[9]

镜台上的少女，青铜像，公元前 500—前 475 年，巴尔的摩沃尔特斯艺术博物馆

铜像的女式长外衣外还覆盖着希玛纯大长袍，后者男女都可以穿，一直被使用到希腊化时期。这种设计也被佛坦尼吸收，融入自己的服装作品当中。

此类茶歇裙的宽大领口一般会用一根丝绳系起。

这件古希腊式宽松上衣，与下裙分开裁制；然而在多数情况下，这种宽松上衣会与下裙相连，形成一整件衣物。无论使用哪种做法，佛坦尼都能完美再现古希腊女式长外衣的风貌，两侧尖角手帕状的设计，更强化了古今之间的联系。[10]

女式长外衣大理石雕像，公元前一世纪（希腊化时期），巴尔的摩沃尔特斯艺术博物馆

下裙底边也使用了与袖子上一样的威尼斯玻璃珠，增添不同质感和色彩的同时，也为轻质布料增加了重量。这种玻璃珠由佛坦尼于威尼斯朱代卡岛的工作室和工厂设计制造。[11]

佛坦尼对东方服饰也颇有兴趣，他用日式面料缝制和风外套。这件裙装的长下摆的设计灵感就源于日本豪华和服打褂。佛坦尼对褶皱的使用在近些年又反过来影响了日本设计师三宅一生。

黑色双绉日装

约1920—1925年，西澳大利亚州斯万吉德福德历史学会

这件裙装尽管形似晚礼服，但实际上并不是；到了1920年代中期，无袖设计逐渐为日装所采纳。图中这件裙装可以在一天中任何时段穿。

较高的圆领口在日装当中很常见。

裙腰上方有两圈抽纱刺绣（drawn thread work，又称抽绣〔pulled work〕），做法是抽去布料的经纱或纬纱。抽绣作为装饰手法，一度非常受欢迎，部分原因是抽绣可以仿造出蕾丝和刺绣的效果，而造价要低得多。1921年《悉尼邮报》（*Sydney Mail*）的一篇题为“七先令就能买一件女装”的文章热情推荐道：“抽绣是如今最流行的装饰；毋庸置疑，这种装饰适合各式女装，是今夏时尚的一大特色。”[12]

双肩各有十二道反向的针裥（pintuck），每一道都有十七厘米长。

十道相同的针裥做出裙腰，这样的裙腰会让宽松的上身些微坠过腰部，呈现仿佛“衬衫”一般的效果。

每层裙布之间都衬着精致的黑色网纱底裙。

每层裙布都由手工包边。除了针裥，以及两侧和肩部的缝线，整件裙装都由手工缝纫。[13]

无袖日装，外搭棕色流苏披巾，威尔士，1920年代中期，作者家族收藏

日装

约1922—1924年，罗利北卡罗来纳州历史博物馆

这件连体式裙装很多地方都符合当时的日装时尚，特别是暗色调、直筒剪裁、平领。珠绣装饰反映了这一时代的一个重大发现——1922年，考古学家发现了图坦卡蒙墓葬。

双肩各有四列针裥，为上身稍稍塑形。这些细节往往是此类简约裙装上唯一的紧身元素。

日装使用这类宽而平的领子，在整个 1920 年代都很流行。宽大的翻领可以添加珠饰，为裙装前后增添风情。

素缎饰带的一侧有抽褶抓束，让当时流行的低腰线更加醒目。

连体式裙装风靡整个 1920 年代，有杂志专栏称：“美国年轻女性对这种裙装的执着程度堪比她们祖辈对自由的热爱，而且每一季其火热程度都不见消退。”[14] 这位专栏作者还指出，在这种裙装上加长条镶片等或显眼或低调的装饰，会为原本朴实无华的裙装增添不同的质感和色彩。

裙装正面的串珠动植物图案是对古埃及象形文字的粗略演绎，其竖直排列、长条空白镶片分列两侧的画面设计，也可以说是以古埃及为源头的。[16]

许多资料指出这种连体式裙装底边与地面的“恰当”距离应为六至八英寸左右，澳大利亚报纸《桌边谈》(*Table Talk*) 形容这一长度区间“方便走动，老少咸宜”[15]。

晚礼服

约1923年，悉尼动力博物馆

这件裙装是一位名叫梅·卡米尔·德扎诺兹（May Camille Dezarnaulds）的新娘向澳大利亚著名的大卫·琼斯百货商店定做的，准备在婚礼结束后用作蜜月服。[17]其无袖设计、简单的线条是当时经典轮廓的代表性特征。

宽大的领口正面有弧度，背面平直。这个设计细节与当时很多流行的晚礼服相似。此外，作为婚礼礼服，领口并不会开得很低。

浅色绣花锦缎面料，让1920年代早期流行的简约剪裁与线条多了一些丰富性。大量使用花卉图案，证明1920年代的晚礼服并非只能使用闪光织物和亮片来夺人眼球。正如1929年《昆士兰人》的评论，“让锦缎裙讲述自己的故事”[18]。

暗米色图案和亮金色面料的搭配在1920年代极受欢迎，在年长和年轻女性群体里都有市场。1929年末《星期日泰晤士报》（*The Sunday Times*）指出，米色大受追捧是因为其有很多细微的变化：“有的是杏仁核的颜色……有的却好像混进了绿色和蓝色……还有些浅米色像沙漠里沙子的颜色。”这种隐微却不混淆的颜色差别，完美地融合在这件裙装上，仿佛是“沙漠中的干沙”和“海滩上的湿沙”交融在一起。[19]

肩窿剪裁得极长，底端几乎与手肘平齐。因此，穿此类裙装会搭配颜色相称的内搭（slip）。

两侧布料内折于身前，使原本略为宽松的裙装更贴身。汇合处与臀部等高，饰有蝴蝶结状珠饰贴花镶片。

裙装的正面稍高，突出了身侧的褶裥。

晚礼服

巴黎，约1925—1929年，西澳大利亚州斯万吉德福德历史学会

这件裙装购自巴黎马特尔大道的法罗商店，买家来自西澳大利亚州的卡尔古利。[20] 此类晚礼服不常直接缝出明显的腰部曲线，而是突出了当时较为流行的直线条和自然的垂坠感。

高开 V 领在 1920 年代中期的日装和晚礼服上很常见。1924 年初，一家报纸预测这种领子将会流行，认为“V 领会取代其他领形，因为这种领子最显瘦”，这家报纸还预测，流行的轮廓短期内不会改变，因为苗条的身材“仍然时髦，只有够瘦的人才能充分展现出当今的时尚”。[21]

亮片是 1920 年代极为火爆的衣表装饰，甚至一度出现供不应求的情况，而法国尤甚。图片中裙装上的亮片由金属（黑色和银色部分）和明胶（gelatin，彩色花朵部分）制成，并通过繁复的手工，缝在透明乔其纱（georgette）上。

时髦的低腰线仅通过一条细长的亮片腰带来暗示，这种低调也许和 1920 年代人们对于腰线的“正确”位置一直争论不休有关。从诙谐的诗：“时而下，时而上，腰线移得真匆忙。”到时装杂志的评论：“裁缝们都认为关于女性理想曲线的争论应该适可而止了，但时尚领袖们对于腰线到底应该摆在什么位置，却仍未达成共识。”[22] 女装腰线的正确位置始终存在争议。

花卉图案点缀在腰部和底边处，这样的设计自 1920 年代中期开始越来越流行。

这一时期，裙摆长度在 1926 至 1927 年之间是最短的，如图所示，裙长刚刚及膝，底边微微张开，很好地展现了这场短暂的流行风潮。

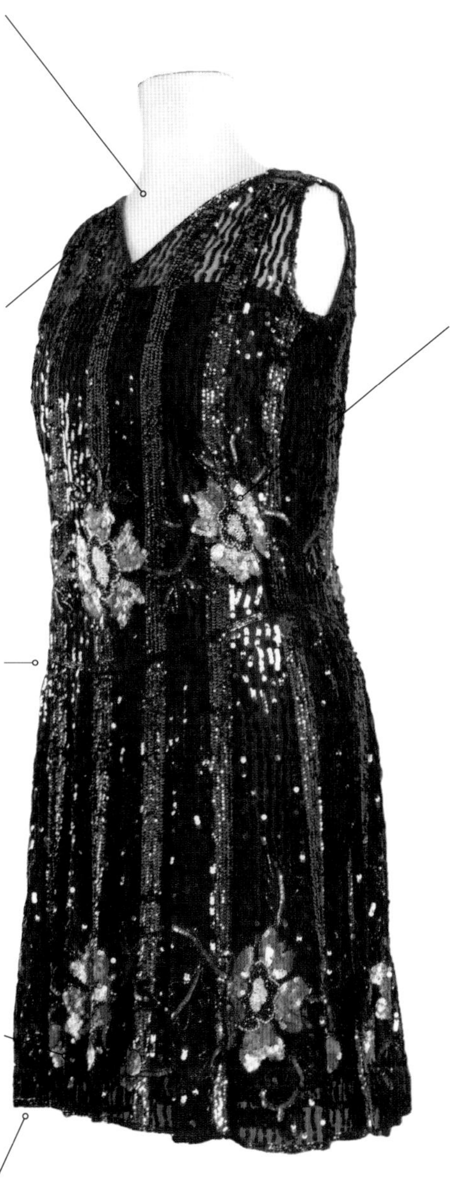

管珠（bugle bead）和亮片都是能给服装材质增添变化的表面装饰。黑色的小米珠（seed bead）勾勒出花瓣、花蕊的边缘，以及叶片的黑色轮廓。这件产自巴黎的裙装符合当时已经流行很长一段时间的潮流，1928 年，一篇时装专栏说道：“一股强势的珠饰热潮席卷了所有的时尚秀场。没有各形各色珠子装饰的连衣裙看起来就像半成品。”[23]

裙装背面也呈 V 形，裙摆前后长度一致。

晚礼服

巴黎，约1928年，蒙特利尔麦考德博物馆

这件裙装的设计者是吕西安·勒隆（Lucien Lelong），是一位在1920年代至1940年代声名卓著的巴黎女装设计师。勒隆最擅长在晚礼服上创造优雅而紧身的线条。可以看到，本页这款裙装仍采用1920年代流行的低腰设计，通过在臀部包裹缎带这一我们熟悉的手法突出低腰线，但也稍微能看出一点自然腰线。

正面领口宽而圆，背面开得较低，中央下垂呈柔和的V形。

极细的肩带表明当时已普遍接受裸露脖子、肩部和手臂等部位了。

泪滴形镶钻饰物点缀在胸部、臀部和大腿上部，为裙装增添了奢华感，凸显了新的曲线轮廓和女性身体的某些部位，这些部位在1930年代的设计中会变得更受强调。

正面和两侧的裙摆底边剪裁成尖角手帕状。布料缝制的方式让裙身看起来好似一块中央被抓起、四边自然垂下而在底边形成垂褶的方形手帕。这种做法流行于1920年代末，尖角手帕状底边也成为轻薄的夏装和晚礼服上常见的设计，下面这张拍摄于德国的照片，就能看到一个这样的例子。

宽腰带于身后交汇成一个大蝴蝶结，并向下延伸出两条宽而长的缎带。这件裙装诞生于1928年，正好是晚礼服（尤其是后摆）明显变长的时期，因此出现了这些长缎带装饰。当时的一些评论家对此感到担忧，1927年，一位评论家表示："人们跳舞……可能会受到影响——谁能穿着长及脚踝的衬裙跳查尔斯顿舞（Charleston）呢？"[24]

裙装，1920年代中后期，卡斯廷家族收藏

第九章

1930—1946

进入 1930 年代，套装和两件式日装仍很受欢迎。当时的日装裙摆长至小腿肚，晚礼服裙摆要么长及脚踝，要么曳地。右侧照片上的年轻南非女士穿的裙装裙摆从臀部到膝盖都很窄，膝盖以下则微微外扩，呈喇叭形。裙装采用的斜裁是 1930 年代标志性的剪裁手法，在当时极为时髦，其出现很大程度上要归功于时装设计师玛德琳・薇欧奈。斜裁是指逆着纹理斜向剪裁，使裙装产生更为贴身、苗条的效果。这一手法极为复杂，技术性很强，玛德琳・薇欧奈因此专门申请了版权保护。裙装使用的面料是双绉，这种面料通常只用在衬里或内衣，如今用来制作裙装，有轻盈飘逸的效果，与贴身剪裁的设计完美相配，让人赏心悦目。斜裁技法的浪漫主义色彩，反映出审美上出现了更大幅度的转变。在 1920 年代流行中性风之后，女性服装审美又开始强调回归女性气质。1930 年 8 月，《芝加哥星期日论坛报》（*The Chicago Sunday Tribune*）评论说，尽管"强调女性气质的饰边"可能"比过去几年"更花钱，但却"深得美国人喜爱……"因为让穿着者"又变得淑女了"。[1] 类似的评论也频频出现在当时其他时尚专栏里，表明那时的流行趋势就是回归"传统"的女性气质。

时尚消费成为一种身份象征和价值展示，这种风气无疑是受到了电影中描绘的生活方式的影响。琼・克劳馥（Joan Crawford）和费雯丽（Vivien Leigh）等演员光鲜的生活令人神往，人们起初更多的是模仿她们戏中人物的服装和配饰，而不是演员银幕外的私服偏好。然而随着 1929 年奥斯卡金像奖颁奖典礼的举办，人们开始越来越关注明星在这类重大活动中所穿的华丽礼服，更突显了时尚对吸引注意力和优雅的要求，以及其与大众媒体密不可分的关系。到了 1930 年代，大多数女性报纸杂志都将注意力转向影视明星的生活及穿着，带动起人们对时尚和名人的迷恋，而这种迷恋一直延续至今。

电影的影响和明星效应注定了阿德里安・阿道夫・格林伯格（Adrian Adolph Greenberg，1903—1959 年）会成为 1930 年代时尚界的关键人物。他原本是好莱坞重量级服装设计师，为葛丽泰・嘉宝（Greta Garbo）、琼・克劳馥等影星设计服装。1941 年，他创立了自己的时装品牌，并将好莱坞电影服装的魅力和超凡脱俗的特质，与高级定制时装结合在一起。在那个电影开始大受欢迎的时代，观众数量之多前所未有，阿德里安将时尚设计与戏服设计结合起来，顺利摘到了成功的果实。在巴黎仍是无可争议的"世界时装之都"时，阿德里安受到关注，将美国送至时尚的聚光灯下。[2]

我们可以用一个关键词来总结这个时代的特征，那就是"风韵"（sophistication）：

时尚套装
1930 年代早期，拍摄于开普敦
私人收藏

一种优雅、成熟，且矜持内敛的风格。这种风格最基本的贴身外形一直流行到1940 年代。1931 年，《每日邮报》的弗朗西丝·麦克斯韦 - 史密斯（Frances Maxwell-Smith）称，女性从“恹恹不振的弱女子”，变得抬头挺胸、端庄自持了。[3] 然而，进入 1930 年代中后期，“风韵”有时也会与舒适和耐用联系在一起。因为在当时，拉链和易于清洗的面料——包括人造丝和粘胶纤维（viscose）出现并流行，更奢华的丝绸和双绉也发展出变种，可以被反复穿着和洗涤。进入 1940 年代，随着军装产业大规模扩张，这种实用的取向得到进一步的发展，男女服装和配件的制造速度也随之加快。

随着二战的来临，女性需要既结实、安全，又具有吸引力的服装设计。随后会讲到，虽然生活艰苦、物资配给有限，但时尚仍然占有重要地位。因为追求时尚为当时的人们提供了他们极为需要的东西——逃避战争的精神空间，以及生活一如往常的幻象。通过在节俭和实用的同时保持优雅，服饰成为大后方提高士气的主要助力。战争也缩小了阶级间的服装差异，虽然富裕的女性早已积攒下大量优质时髦的服装，但没有人能逃过配给标准和政府规定的其他限制。

1940 年代早期，英国提出了“实用服装”（utility clothing）的政策，这是当时英国贸易委员会（Board of Trade）主席托马斯·巴洛爵士（Sir Thomas Barlow）的主意，旨在鼓励设计出时尚而实用、迷人但又不浪费布料的服装。诺曼·哈特奈尔（Norman Hartnell）、赫迪·雅曼（Hardy Amies）和迪格拜·莫顿（Digby Morton）等顶尖的女装设计师将英格兰女装设计得简单而雅致：平肩、收腰、喇叭形裙摆，造就了二战时期整齐漂亮、专业干练的畅销款式。当时有一条重要的规定，所有的服装都必须用“实用”布料制作，对这种布料的具体要求非常多，概括起来就是纤维含量尽可能低，但售价却要尽可能高。万幸，这一规定并未限制使用亮色印花布料，因此人们可以用它来钻一下空子。此外政府还规定，一件女装上不得有超过两个口袋、五颗扣子、六道裙摆缝线、两道复裥（inverted pleats，或暗裥，或箱式褶裥，或四道顺褶），绣饰针脚不得长于一百六十英寸，全套服装不得出现过度的衣表装饰。[4] 当时最流行、最节约的衣表装饰手段要数在臀部和腰部做抽褶了。然而，尽管政府做出了种种努力，英国人的生活水平还是经历了一段时间才降至《纽约时报》1942 年形容的“严格的战时经济水平”[5]。

在美国，战时生产委员会（War Production Board）于 1942 年颁布了 L-85 号规定（也称为通用限制令〔General Limitation Order〕），内容与英国相似，也禁止缝制浪费布料的样式复杂的服装，并限制使用某些颜色和某些类型的面料，天然纤维受到的限制尤甚。[6]彼时，英国女性大力践行“修修补补，将就生活”（make do and mend）理念的事情广为人知，美国也随之出现了“拾破烂”（save scraps）的风气——尽量留下一切现有的衣物。1942 年 10 月的《芝加哥星期日论坛报》称赞了英国的限制制度，并报道称“修修补补，将就生活”使英国女性“打扮得更好看了，挑选衣服时也更谨慎了”。报道者希望美国类似的理念能鼓励更多女性继续穿较有女人味的服饰，以改变她们普遍穿宽松长裤的现状：“英格兰女性并没有像这里的一些人一样堕落到穿宽松长裤。在乡村和家中，有很多人穿宽松长裤，大都出于保暖和其他实际需要，但穿着它们进城抛头露面，则完全是不时髦、缺乏爱国精神的行为了。”[7]所以说，女性要想展示自己穿着“走心”，还是得选择裙装或衬衫搭半身裙。

本章有两件裙装体现了澳大利亚 1940 年代出现的重复再利用的精神，这是两件亚麻日装，是一位新娘为自己的蜜月缝制的，但新娘突然去世，它们因此没有被人穿过，并完好地保存下来，由西澳大利亚州的一个历史学会收藏。人们并不只为了特殊场合才自己动手制作衣服，政府也认为，这种事情应该成为大众日常生活的一部分；因此，1940 年代，咨询服务团体和二手服装店的发展备受重视。1943 年 3 月，《听众》（*The Listener*）杂志刊登文章建议，新成立的妇女公益会（Women's Group on Public Welfare）应当经常在伦敦举行集会，开设咨询中心，教给人们“拆旧缝新的最好方法”[8]。这类社会团体尽心尽力地教导裁缝水准不一的女性，虽然其课程都是以社会价值或教育意义为诉求的，但基本思想是明确的，那就是服装美感要让位于节省原则，这一主题的文章和广告频频建议女性把“聚会礼服”拆改成更务实的日装。然而，同时期也有不少评论员支持乔安娜·蔡斯（Joanna Chase）1941 年出版的《缝与省》（*Sew and Save*）中的观点：“每个女人都想穿得好。”蔡斯的书将美观和实用很好地结合起来，告诉女性，配给限制不应该影响她们打扮得精致优雅。为了达到这一目的，她鼓励人人都应购入一套设计制作精良、能以多种方式搭配的套装，且每位女士都应该考虑从二手服装店购置服装，她满是热情地说：“通过这种方法，你不但可以省钱……还能买到比同等价格的新衣款式更好、制作更精良的衣服。”[9]

晚宴/晚会服

约1935年，蒙特利尔麦考德博物馆

这套诺曼·哈特奈尔设计的服装由裙装和皮草饰边的短外套组成，反映出1930年代时髦女郎华贵而迷人的时尚魅力。深蓝色是晚礼服极为流行的色调，出现在多位著名设计师的作品中。下图中展示的单串珍珠项链、单束带高跟鞋，都是这件裙装的恰当搭配。

前后都呈深V形的领口在1940年代的晚礼服当中非常流行。

1930年代初期，开始流行用皮草饰边短外套来搭配晚礼服。本例这种长翻领在当时很常见，内侧缝有缎纹衬里。随着人造纤维织物的崛起，曾经作为地位和财富象征的毛皮制品风头不再。不过天然皮草仍属于贵重饰物，在窘迫拮据的战争年代尤为珍贵。

深蓝色天鹅绒是当时备受推崇的裙装面料，主要适合上了年纪的女性。1936年6月，澳大利亚《边疆矿工报》（*Barrier Miner*）评论道："天鹅绒穿在白发女性身上有一种独特的仁慈高贵之感，搭配上皮草之后，更是如此。"[10]

长及脚踝的裙摆，展现了当时人们对晚礼服的一种新的理解，这一时期的晚礼服较日装要长许多，有些甚至还会带一个较小的拖裾（有的拖裾可以拆卸，但本例是一体的）。诺曼·哈特奈尔是最早利用人们的这种新理解的设计师之一，他也因此而闻名，将当时女性气质回归传统的诉求呈现到极致。[12]

1931年一家澳大利亚报纸谈到了影星卡罗尔·隆巴德（Carol Lombard）的一件连衣裙的裙摆，有着与本例类似的不规则下摆和曳地底边："这件未加装饰的黑色天鹅绒连衣裙适合做正式的晚宴服和晚礼服。可完全展开的喇叭形裙摆从自然腰线处垂下，并形成不规则的曳地底边。"[11]

晚礼服

约1935—1945年，悉尼动力博物馆

对晚礼服来说，长款设计是必须的，这件礼服就是个很好的例证。E. M. 德莱菲尔德（E. M. Delafield）1930年出版的《乡间女士日记》（*Diary of a Provincial Lady*）中，女主人公惊恐地说：“在伦敦我都没有合适的衣服穿。我在《每日镜报》（*The Daily Mirror*）读到，晚礼服都是长裙摆的，而我的没有一件盖过腿的一半。”[13]

肩膀处有垫肩，营造出宽阔而方正的外观，这种设计在整个1940年代都很流行。

飘逸的盖肩袖创造出一种流动的视觉效果，与人造丝缎光滑闪亮的质感相得益彰。

人造丝缎面料有着流动的金属光泽，乍一看像是更为精美的金银锦缎（lamé，一种金属线纺织的布料），体现了1930年代中晚期的人们对金属光泽布料的狂热。可能是由于人造丝缎在电影戏服中展现出光辉闪耀的特性，它逐渐成为制作晚礼服的常用面料。一家报纸的时尚专栏如此评价道：“如果你敢穿，就选一件金、银、红铜、青铜等金属质感的，这样你看上去就会像一道耀眼的光。”文章作者也知道许多读者会购买人造丝来取代丝绸或素缎，并评论道：“人造丝是典型的新事物，有独特的织纹、质感和颜色，有无穷多的变化可能。”[14]

翻领部分极像衬衫的前襟，说明这件晚礼服也混入了仿男式女衬衫的设计元素。1930年代，衬衫式裙装（shirtwaist dress）一度走红，这是一种很实用的日装，其上半身与长而贴身、有衣领和袖、正面系扣的衬衫类似。这一样式起初较少用作晚礼服，1934年经过演员西尔维娅·西德尼（Sylvia Sidney）的宣传，才开始受到人们的青睐。

这条腰带使这件裙装看起来像是单件衬衫和半身裙的两件式搭配，腰带中心用玻璃胶（glass paste）替代了宝石。

巧妙的斜裁使裙摆能够沿臀部和大腿紧贴身体，继而自然垂下。玛德琳·薇欧奈首创的斜裁工艺，通过斜向割断布料经纬线，使布料垂坠时不再笔直向下，而呈斜向角度。用这一方式塑造出的紧身轮廓在1930年代大为流行。

与这类紧身斜裁晚礼服相搭配的是系带浅口（low-cut）高跟鞋。

珍妮·朗万的晚礼服

1941年，罗利北卡罗来纳州历史博物馆

格蕾夫人（Madame Grès）又名阿丽克斯·巴顿（Alix Barton），以她为首的一批设计师带动了古希腊风格晚礼服的流行，这种风格通过在丝绸和绉纱面料上打大量塔克褶，来制造颀长而有流动感的线条。这件珍妮·朗万设计的舞会礼服采用了上述元素，并通过点缀着莱茵石（rhinestone）的法国丝绸雪纺创造出雅致柔美的轮廓。

裙袖剪裁时留出了多余布料，在背面营造出优雅的垂褶效果。

裙装有着圆柱状的线条，采用覆肩设计，正面看起来像是用莱茵石胸针钩住并紧紧地连在一起，让人联想到古希腊罗马的宽松风格；但它更接近经雷顿勋爵（Lord Leighton）等十九世纪艺术家重新诠释的古典裙装（如下图所示），这些艺术家一直影响着二十世纪的设计师。

与 1930 年代后期的许多晚礼服一样，这件礼服低腰，裙摆臀部以下部分向外展开。1945 年，一篇时尚专栏说到了这种轮廓的优点："突出臀部能使腰部看起来更为纤细。"[15]

弗雷德里克·雷顿勋爵，《人体习作》（局部），约 1870—1890 年，华盛顿美国国家美术馆

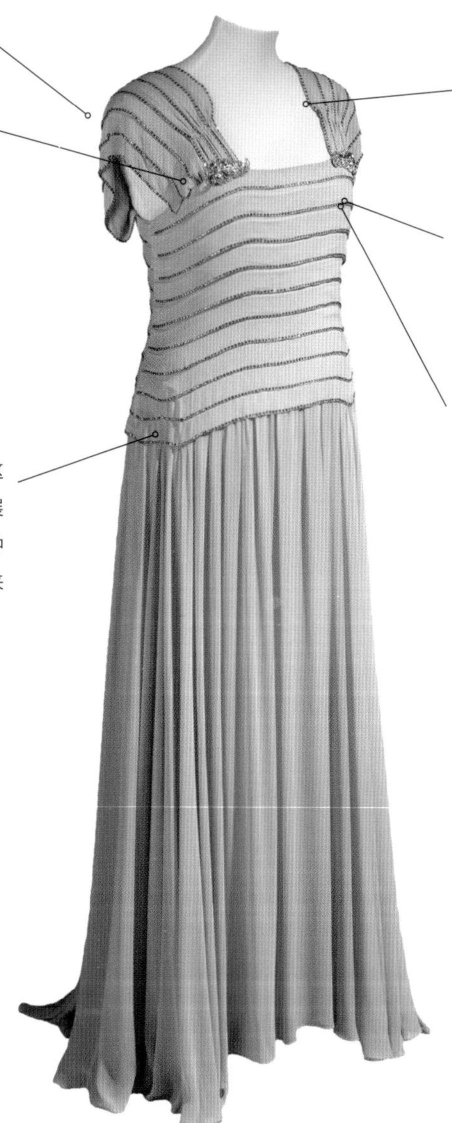

这件裙装外观看起来简单，其实内部结构相当复杂——需要通过穿扎口短衬裤、胸罩、束腰和背带长衬裙来撑出整件衣服的曲线。

成排的细小方形莱茵石点缀在上身每道褶裥的上缘。莱茵石（在欧洲通常被称为人造宝石或水钻［diamante］）的制作材料是玻璃或人造聚合物，这种装饰物在 1930 年代开始流行起来，被用于替代珍贵的宝石。莱茵石背面覆有一层金银涂层，会反射光线，也会随着人的移动而不停闪烁。[16] 低胸领上的两枚叶形胸针也是用莱茵石制作的，这两枚胸针强调了袖子的位置。

1945 年 3 月，深受古希腊风格影响的纽约设计师埃塔夫人（Madame Eta），谈到了她最近的一组设计中带有一个重要的实用元素："这是设计上新萌芽的发展，灵感源自古希腊简洁流畅的线条和一些图案，不仅衬托了女性体态，也节约了布料以配合当前的战时限制。"[17] 我们在讨论任何战时出现的风格时，都需要考虑到物资限制的问题。朗万的设计也体现了类似的简约诉求，兼顾了审美价值和实用价值。

水绿色亚麻日装

1940年代早期，西澳大利亚州斯万吉德福德历史学会

这件裙装是战争初期一位极苗条的新娘制作的，用来在蜜月时穿。不幸的是，她还没步入婚姻生活便去世了，所以这件裙装始终没有被人穿过，一直都是崭新的样子。[18]这件保存至今的裙装是了解当时流行的裙形、线条和用色的绝佳范例。

肩部稍作收束，为裙袖塑造出四四方方的外观，营造出当时经典的箱形轮廓。

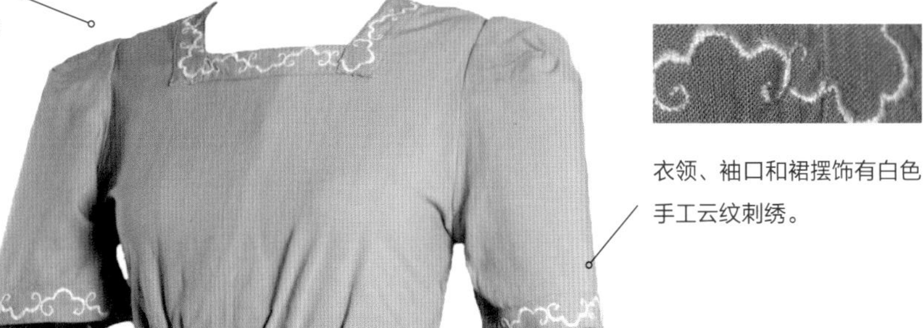

衣领、袖口和裙摆饰有白色手工云纹刺绣。

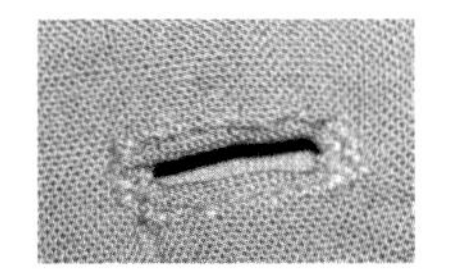

后中线上手工缝制的九个扣眼搭配白色胶木（bakelite）扣子，在背部将裙装固定。

与裙装主体同一面料的宽裙腰突出了新娘纤细的腰身。

方形口袋常见于日装和外套。此处的口袋是装饰性的，但是它在形状上与宽阔的方肩和笔直的袖管相呼应，让整件衣服实现了审美上的平衡。

这位新娘为裙装选择的柔和水绿色正合潮流。当时有媒体报道了“来自大自然的柔和浅色调”的流行，《每日邮报》这样描述道，这些颜色由专家精心挑选，是“一剂远离战争的补药”，这些颜色也被戏称为“补药色”，范围从“晴朗天空的欢快蓝色”到“海边的柔和米色”。[19]而图示裙装轻柔的水绿色被英国色彩评议会（British Colour Council）形象地称为“蛋白石绿”（Opaline Green），这一机构为颜色所定的名称通行于工业界和政府机构。[20]

底边位于膝部或略低于膝部。

骨色亚麻便服裙

1940年代早期，西澳大利亚州斯万吉德福德历史学会

这件公主线式裙装与前面水绿色亚麻日装出自同一位准新娘之手，也由她亲手饰以刺绣，准备在蜜月时穿。这件裙装，尤其是心形领口（sweetheart neckline）和衬垫肩等元素，展现了1940年代代表性的体态和审美。

心形领口因形似爱心而得名。领口的两处弯曲也与女性胸部的轮廓呼应。人们对于这种领口样式产生的确切时间和地点存在分歧，但可以确定其在1940年代最受欢迎，并一直流行到二十世纪下半叶。现如今心形领口常用在无肩带正装，尤其是新娘礼服上。

大弧度的扇形袖口与领口的形状相同。

公主线式裙形由八片经剪裁的布块组合构成，前后各四片。

这位准新娘很可能参考了商业版型来做这件衣服。澳大利亚的《澳大利亚女性周刊》(*The Australian Woman's Weekly*）等报纸和杂志上的推广文章和广告为读者提供了不少“日常裙装版型”，某些报刊还附有整套服装的制作说明和成品图像，人们可以通过邮购获取。

这些手绣的花叶，高高置于肩膀处，乍看仿佛胸花。这种给服装增添小亮点的做法因造价低廉而流行，展示了战争期间时尚的生产和消费倾向。在整个1940年代，刺绣转印（embroidery transfer）图样走进大众视野，其购买方式很简单：报纸购物。1943年9月，悉尼报刊上的一则广告宣传道：“加一点儿转印刺绣——用套扣针法（lazy-daisy stitch）和单线针法（single stitch）在羊毛、棉和丝绸面料上缝上花草图案……就能让你的波蕾若、短外套和裙装改头换面。”[21]一先令三便士就能买到十二个花卉图案的刺绣转印图样，另附针法和配色建议。像这样有不同细节、有一定复杂程度的图样套件，几乎可以满足所有人的服装装饰需求。

新娘的波蕾若短外套上别着一束真花作为胸花（约1945—1948年）。

第十章
1947—1959

1947年是时尚史上标志性的一年。这一年，克里斯汀·迪奥（Christian Dior）推出“新风貌”（New Look），大力呼吁女性忘掉战时乏味的衣柜，拥抱更富魅力的穿着打扮，然而对于大多数人来说，现实情况远没有那么乐观。1945年，尽管反法西斯战争取得了胜利，但英国社会仍极为动荡，配给制度又延续了九年，这意味着出于实际需要而采取的“修修补补，将就生活”的理念，仍是政府的首要施政方针。

不同的是，战争一结束，法国立即就出现了巨大的经济繁荣，并决心重新确立其在高级定制领域的主导地位。正因如此，迪奥等设计师对战后的服装界满怀希望。迪奥选择通过强调收腰、软肩、富有旧日轻快自然女性气质的上身搭配短外套，以及宽大而奢华的裙摆来表达对眼前情景的乐观展望。这种风格为1950年代的女装造型奠定了基础，在整个欧洲引发了追逐热潮，甚至在（经济不景气的）英格兰也出现了格调比较收敛的仿效款式。右边这张照片由街头摄影师于1940年代后期在伦敦拍摄，照片中是一位穿新风貌风格的较含蓄变化款式的女士：打褶的及踝裙摆，搭配围裹式开衫和简单的船形鞋（court shoes），这就是迪奥经典的酒吧套装（Bar suit），适合在经济紧缩时期日常穿着。酒吧套装的出现说明即使在困难环境下，时尚仍在人们的生活中占据着重要地位。迪奥的作品给公众想象力造成的冲击，可见于1948年1月一位女士发表的文章：“对于女人们来说，讨论‘新的线条’似乎比民生问题、煤炭质量差、天气更重要。”[1]

然而，人们的反应绝不是完全正面的。新流行的轮廓让许多女性感到沮丧，美国反对情绪最强烈的人（至少有数千）甚至组成抗议团体——其中规模最大的叫作“膝下俱乐部”（Below the Knee Club），抗议违反配给制度的设计，她们与世界其他地方的声音结成统一阵线，反对长裙回归，质问迪奥为何如此急于把女性双腿藏在裙下。反对的原因五花八门，有的人认为长裙摆太“危险”，有的人认为设计师读过的“历史小说太多”——一位退休模特如此暗示。许多女性严正抗议，认为裙摆变回原有长度是男女平等和女性解放事业的倒退。男士们也对这种新潮流没什么好感：他们对新风貌的厌恶程度，与喜爱新风貌的妻子们在铺张用料上的花费成正比。这些男士们组成了名为“破产丈夫联盟”（League of Broke Husbands）的抗议团体，成员一度达到三万名。[2]

在这场有关裙摆的争议中，迪奥的竞争对手们看到了机会，推出了自己对于新风貌的改造版本来回应。第九章提到的从戏服设计跨界到女装设计的阿德里安，于1947年底在纽约宣布他的最新设计将主打日常穿着的短裙摆，裙摆底边距离地面

新风貌的衍生款
约1947—1949年
作者收藏

有十四英寸之多。《亚历山德拉先驱报和奥塔哥中央公报》（*Alexandra Herald and Central Otago Gazette*）报道称，这将“让那些对夸张的新时尚不感兴趣的女性松一口气。阿德里安设计的服装能让她们保持优雅，拥有流线型的身形，又不会感到过时”。如此一来，阿德里安迅速得到了迪奥批评者们的支持。报纸上说他“几乎完全尊重造物主塑造的女性身材。他说，战争期间的女性造型是最美的，因为彼时设计师的初衷是为了让她们更好地生活”[3]。阿德里安 1947 年发布的套装融入了这种风格，确实为女性提供了另一种选择，从而收获了很高的人气。然而，迪奥的新风貌最终还是流行开来，部分原因是新风貌的灵感源自更早之前的服装——用塔夫绸等硬质面料作衬里，以突出蜂腰和丰满的胸臀。迪奥希望通过这种方式实现“回归文明幸福的理想”[4]。迪奥的理念是借历史逃避现实，满是怀旧情绪，这也是赫迪·雅曼在制作剪裁精巧的套装时遵循的。赫迪·雅曼趁此风潮推出了有着丰满外观和自然曲线的套装，而用料却不及迪奥和巴伦西亚加（Christóbal Balenciaga，译者注：作时装品牌时，Balenciaga 通常译作“巴黎世家”）那么多。本章会介绍赫迪·雅曼于 1947 年和 1950 年设计的两件作品。

战后几年里，经济形势不太一样的美国成为高级时装发展的引领者。尽管新风貌在世界各地都获得了公众的关注，在美国也有着与欧洲一样的高人气，但出于实际需要，美国在战争期间也成功培养和扶持了本国设计师（尤其是运动装和休闲装领域），使他们崭露头角，1940 年代末法国女装设计师重新崛起，也未能动摇美国的优势。美国设计似乎的确更能为普通女性提供选择的空间，知道不是每个人（无论是身材还是情感上）都符合法国时装的审美要求。因为美国社会普遍接受成衣，再加上标准化的服装尺寸制系统不断健全，当时的美国，人人都有机会享受最新的流行时尚。此外，战争的结束并未影响人们按纸样自制服装的热情。女性可以根据个人品味，制作日装、晚礼服、鸡尾酒会礼服，以及各种衬衫、半身裙和睡衣。

第二次世界大战阻碍了新的时尚设计向国际传播，这一影响一直持续到 1950 年代至 1960 年代。这一时期，美国的身影常常出现在欧洲的报纸和时尚杂志上。英国的《星期日泰晤士报》1952 年 4 月 6 日刊文称赞“新晋巴黎设计师于贝尔·德·纪梵希……是时尚界又一个受美国潮流影响的例子”，文章作者继而说到，纪梵希敏锐地选择了“分离式女装……这个显然符合美国人品味的设计……（然而）不仅仅是美国人，所有人都对它青睐有加”。[5] 上下装各自独立的美国穿衣理念在当时的欧洲还属于新事物，使得女性能够自由搭配衣柜中的单品上衣和下裙，创造出新颖独特的个人造型。这种概念并不新鲜，第七章已经提到，在十九世纪就有人

对于那些仍在积极适应战后生活的女性来说，身上的裙装依旧相对保守，会剪裁成精巧的战前样式。
约 1956 年，英格兰
作者家族收藏

缝制并购买可作日装和晚礼服使用的单件上衣。从二十世纪初到此时，也有其他的设计师认可了分离式的便利性，而纪梵希更是强调：上衣和下裙完全不需要互配或互补，没有必要形成“一套裙装”，重点是个性，而不是将裙装视为孤立衣物的传统。这也意味着晚礼服的概念可以扩展，能依照场合是否正式做出各种调整。

整个二战时期，套装始终是一种流行且实用的选择，也受到英国贸易委员会及其“实用服装”计划的青睐。随着越来越多的女性积极地走入职场，套装因此一直颇有市场，市面上也出现了风格各异的款式。1948 年俄勒冈州出版的《公告报》（*Bulletin*），说到了在北美百货商店售卖的各种套装——从“常搭配短款紧身短外套穿的喇叭形套装（flared suit）……有着细长翻领的男式无尾礼服套装（tuxedo suit）”到“垫臀套装（bustle suit）……搭配前摆剪短的典雅外套的燕尾套装（swallowtail suit），以及受年轻人欢迎的芭蕾女伶套装（ballerina suit）”。[6] 本章两个套装的例子都呈现了多样化的设计和搭配选择，另外，虽然它们是高级定制女装，但其轮廓还是展现出战时切合实际、量入为出之下的巧思。

完美发型、心形领口、多层网纱和上浆衬裙塑造出的宽大硬挺裙摆，是一般人对 1950 年代女性的刻板印象，但这一印象无法代表那十年间出现的各式风格。虽然迪奥的沙漏形轮廓持续流行，并主导了当时大多数人对于衣着风格的选择，但纤细的半身铅笔裙（pencil skirts）和鞘形（sheath）裙装的风头也绝不逊色，出现了几种流行款式并驾齐驱的局面。玛丽莲·梦露在《愿嫁金龟婿》（*How to Marry a Millionaire*，1953 年）和《游龙戏凤》（*The Prince and the Showgirl*，1957 年）中就使用了鞘形裙装作为戏服；沿用至今的术语“小黑裙”（little black dress）通常指的就是鞘形裙装。这一时期出现的另一种设计，是伊夫·圣罗兰（Yves Saint Laurent，他在克里斯汀·迪奥去世后接手了迪奥时装品牌）于 1958 年推出的梯形风格（Trapeze style）裙装，展示了一种另类的审美。[7] 这种设计肩部很窄，下方向外张开，创造出一种宽松的仿佛建筑物模样的视觉效果，与腰部轮廓收紧、裙摆丰满鼓起的裙装截然不同。梯形裙装和类似的宽松款式，被笼统地称为“宽裙装”——紧接在克里斯托巴尔·巴伦西亚加的布袋裙（sack dress）之后出现，转变中的时尚风潮在 1960 年代被玛莉·官（Mary Quant）所吸收，并成为那时一个极为重要的流行标志。

赫迪·雅曼的套装

1947年，蒙特利尔麦考德博物馆

与线条僵硬有棱角的战时风格相比，图示套装虽然仍注重实用性，但已经可以看出更柔和有致的轮廓了。此时设计师的思路虽然依旧受配给制度影响，但还是加入了一些需要耗费更多布料的小细节，比如此处的三角宽翻领和造型口袋。

宽肩线依旧突出，但相比战时更为柔和，也开始出现一定的倾斜度。

迪奥新风貌的收腰设计在短外套的弧线形剪裁上有所体现。同时，两侧的厚口袋也在臀部做出形状、增加宽度，与迪奥新风貌造型中臀部垫高的设计相似。

这类套装是当时热门的正装，甚至可以用作婚礼礼服。下面这张拍摄于1946年11月的照片就说明：传统婚礼礼服不再是战后英国新娘唯一的选择。其与雅曼的套装相比，线条更为简单，但审美风格相似。

大而有型的翻领是这件短外套的特点，也体现出雅曼对夸张的衣领细节和口袋情有独钟。

双排扣短外套的优势在于，无论男女穿上以后都能修身，并拉长身形；此处的短外套很明显就有这种效果。短外套后背朴实无华，但从肩部到底边的两条接缝，使这件衣服极为贴身。

袖子同样采用贴合手臂的设计，袖口十分合身，没有装饰。

与之前六年的半身铅笔裙相比，这条纤细的半身铅笔裙要略微短一些，底边位于膝盖下方。正背面都素净无装饰，只在左侧有一个小开衩。

人像，约1946—1947年，作者家族收藏

赫迪·雅曼的便服套装

约1950年，蒙特利尔麦考德博物馆

随着如图所示的这类套装越来越受欢迎，那个裙装作为女性日常穿着唯一选择的时代，已经越来越遥远了。本例采用英格兰精纺羊毛料制成，这是一种常用于制作高级定制服装的面料。

此时肩线更为倾斜，1940年代方方正正的箱形轮廓已逐渐消失。

实用的便服套装常采用单排扣设计，这种设计一直延续到战后初期的本例当中。本例整体上比前一例使用的布料要多，但当时服装制作仍受配给制度限制，所以有些地方需要节省一些，才不会超出预算。

到了1950年，女式短外套的翻领较从前出现了小、圆、窄的变化趋势，采用了高开口、贴合颈部的设计。事实上，图示套装的设计与空军妇女辅助队（WAAF）制服的束腰外衣，以及1940年代早期的“实用服装”有着相似的风格。

澳大利亚空军妇女辅助队制服，1943—1945年，新南威尔士州埃文斯海德生活史学会

讨论这一制服的文章通常满是溢美之词，其中一篇称：“该组织的制服……设计上远远优于如今的民用服装，战后女式套装的剪裁，都是以它的半身裙、衬衫和束腰外衣的样式为基础的。”[9]

两侧的顺褶给半身裙增添了别样的韵味，更重要的是，在布料供给短缺的情况下，两侧的顺褶可以让半身裙显得更加丰满，也反映出雅曼独特的审美取向，以及他在同一件衣服上尝试排列组合不同褶裥的实验热情。[8]

婚礼礼服

1952年，悉尼动力博物馆

这件裙装是为悉尼社交名媛贝蒂·麦金纳尼（Betty McInerney）1952年5月31日的婚礼设计的。设计者贝利尔·简特斯（Beril Jents）是一位著名的女装设计师，其客户有伊丽莎白·泰勒和玛格·芳登（Dame Margot Fonteyn）等明星。

新娘礼服，1950 年，作者家族收藏

贝蒂·麦金纳尼的定制礼服是 1950 年代初期高级时装的绝佳范例，然而并不能代表战后大多数新娘的穿着。上图展示的便是更为平实的设计，基本还是 1940 年代后期新娘礼服的风格：宽大的披肩领，浅 V 形的收腰，以及带耳饰的头纱。

上身原本接有长袖，后来由新娘拆下，让这件礼服还可以当作晚礼服使用。[10]

上身带垂褶装饰，且剪裁贴合身形，两侧各插入数根骨撑支撑。

可拆卸的外裙在 1950 年代初期重回大众视野，物美价廉的新娘礼服通常都有可拆卸的拖裾，拆掉拖裾后可以作为修身流线造型的晚礼服在婚礼后继续使用。1953 年 6 月，昆士兰州的一家报纸谈到了类似做法：“长而可拆卸的……拖裾，用扣子在正面固定于腰部，展开呈完整扇形，边缘有打褶六角网眼薄纱装饰。”[11]

花团锦簇的腰部装饰褶襞向下延伸出数层雪纺拖裾，由透明硬纱和塔夫绸面料的底裙，以及克里诺林条提供支撑。雪纺经过横裁，塑造出流畅的喇叭形裙摆。[13]

腰部装饰褶襞上的丝缎玫瑰饰花是手工制作的，据设计师说：“饰花非常沉，我们不得不用弯曲的金属丝和雪纺做的半月形框架来承重。”[12]1950 年代，硬化的衬裙重回大众视野，有时被称为“克里诺林”。这件裙装构造上的复杂程度，以及为保持裙摆形状，衬裙用料的铺张程度，几乎可以比肩十九世纪的裙装。

绿色菲尔绸裙装

约1952年，匹兹堡希彭斯堡大学时尚博物与档案馆

根据博物馆的记录，这件裙装购自位于费城威尔克斯巴勒的艾泰利亚服装店（Dress-eteria，店名本意是顾客自助购买成衣的商店），而它很有可能是“设计原型的第一件复制品”。这件裙装结合了几项当时典型的细节特征，创造出1950年代早期流行的造型。[14]

宽而长的领子，由颈部至胸部逐渐变尖，将焦点聚集到纤细的腰部和与下摆同宽的肩部。

德尔曼袖与上身一体剪裁，因此只有袖管内侧可以看到一条接缝。袖子很长，紧贴手臂，翻折的袖口在手腕上方。

像这种早期大衣式裙装，裙摆一般是宽大的，且呈喇叭形，在自然腰线处收紧形成褶裥。此外，这件裙装还采用了 1950 年代早期仍很常见的低腰设计。

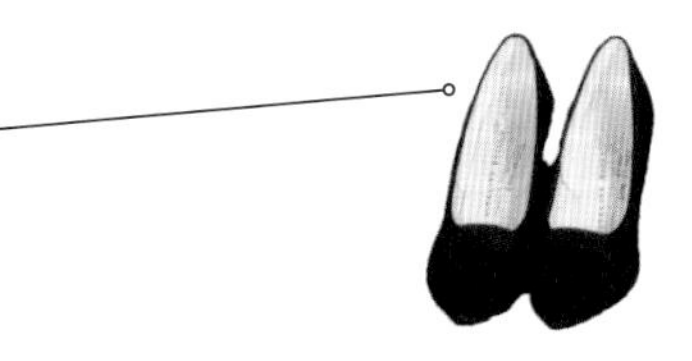

这类船形鞋时髦而优雅。整个 1950 年代，穿定制的裙装或套装，搭配相衬的手套、手提包、鞋子和帽子的做法都很流行。[19]

这件裙装的面料是厚重的菲尔绸，非常结实，适合做外衣。这样的面料再加上一些细节设计——腰带、宽领、固定于正面的扣子，很容易让人理解为什么大衣式裙装（coat dress）或散步裙之类的标签会用在这类衣物上。1953 年，华盛顿《发言人评论报》（*Spokesman-Review*）称：“这种连体式裙装长得像大衣……功能却和套装相似……无论在街头，还是重要的午餐会上，看起来都同样出色。”[15] 最重要的是大衣式裙装“让一天到晚穿套装的女性有了完全不同的选择，也让那些觉得自己穿裙装比穿套装好看的女性找到了出路”。同年另一家出版物则说大衣式裙装是“开襟仿男式女衬衫和轻薄的春款外套的结合体……它看上去像大衣，也常搭在夏款印花连衣裙外……当你需要的时候，就能当大衣穿”[16]。

这种裙装的卖点是实惠、实用又时尚。《悉尼先驱晨报》在 1952 年 7 月报道称：“大衣式裙装是 1952 年最重要、最优雅的时装之一。这种裙装造型美观、价格低廉……从早到晚都能穿……一套纽约设计的大衣式裙装只需九英镑十九先令六便士。”[17]1952 年美国堪萨斯州一家商店的广告上，“黑色菲尔绸大衣式裙装”标价仅为五十九点九五美元，更因“感恩节前清仓活动”降至三十八美元。[18]

夏款日装

1954年，西澳大利亚州斯万吉德福德历史学会

这件裙装上有复杂的花卉图案，灰底上印着深红色玫瑰和白色梅花。[20]裙装由非常轻盈的尼龙面料制成，没有衬里，非常适合在西澳大利亚州炽热的夏季穿着。此外，这件裙装很有可能是按照现成的商业版型手工缝制的。

袖子由一块矩形布料一体剪裁而成，其中一端构成了领口顶部的部分。

打褶镶片嵌在袖子所形成的领口下方几英寸处，形成有趣的阶梯状造型。镶片上的抓褶与裙摆底边上的抓褶相互呼应，让裙装上的不同元素产生了一体感。

这件裙装通过侧面的金属拉链开合，拉链被布料遮覆。

裙摆相对较短（刚刚过膝），并打着极细的褶裥，呼应领口的褶皱细节，并为轻薄而挺括的衣料增加了体积感。

腰线位于人体腰部位置，与当时流行的沙漏形曲线相得益彰。

丰满的裙摆是由衬裙撑起来的，衬裙有饰边，用六角网眼薄纱、克里诺林（crinoline，一种羊马毛混纺布料）、细纺布（cambric），或克林特斯（crintex）之类新出现的合成材料来加强硬度。1952 年有报纸给出了“克林特斯”的定义：“由克里诺林和无纺材料马斯林（masslinn）压制而成。”[21]

日装

约1954年，西澳大利亚州斯万吉德福德历史学会

这件轻盈的夏款印花连衣裙依照当时流行的一种风格和造型制成，裙摆微蓬，长度与芭蕾裙相近，裙袖是流行于整个1950年代的超短袖。

交叉的领口一直向下延伸，直至腰部。

这件裙装由有着淡蓝色图案的起泡尼龙制成。尼龙是一种新式面料，在 1950 年代初期十分与众不同。这种面料的优点经常为人们所称道，一篇报纸文章就谈到了起泡尼龙和其他一些材料的“抗皱”特性，列举了使用这种新型面料的诸多好处：“尼龙……再次成为人们关注的焦点——这一次出现在珀斯城女性的裙装上。尼龙面料的裙装……抗皱，速干，免熨烫，甚至不需要压平……面料柔软，适合塑造柔和的线条，就算有抓褶和塔克褶也并不显得臃肿。”[22] 上述特点从这件裙装构造上的几个关键特质就能看出来。

上身收束在腰部宽约八点五英寸的镶片中。可拆卸的腰带采用与裙装其他部分相同的面料。

像这样的花卉图案在夏款裙装中很受欢迎。当时的一本出版物称，花卉图案能营造“闲适优雅之感，而不会显得过分抢眼或过分夸张”[23]。

图示裙装的原主人和一位朋友的合照，澳大利亚，珀斯，1950 年代中期

极短的盖肩袖，采用马扎尔式（Magyar）设计，与上身一体剪裁，长度只够覆盖肩部和手臂顶端。

克里斯托巴尔·巴伦西亚加的晚礼服和短外套

巴黎，1954年，悉尼动力博物馆

西班牙设计师巴伦西亚加的气球形轮廓（还可以搭配可拆卸的气球形袖子）创造出抢眼而无可挑剔的线条。这种款式还借助新技术带来的便利，用位于后背中央、隐藏在丝绸镶片下的金属拉链闭合。

这套裙装可以搭配船形鞋和带面纱的宽檐帽。

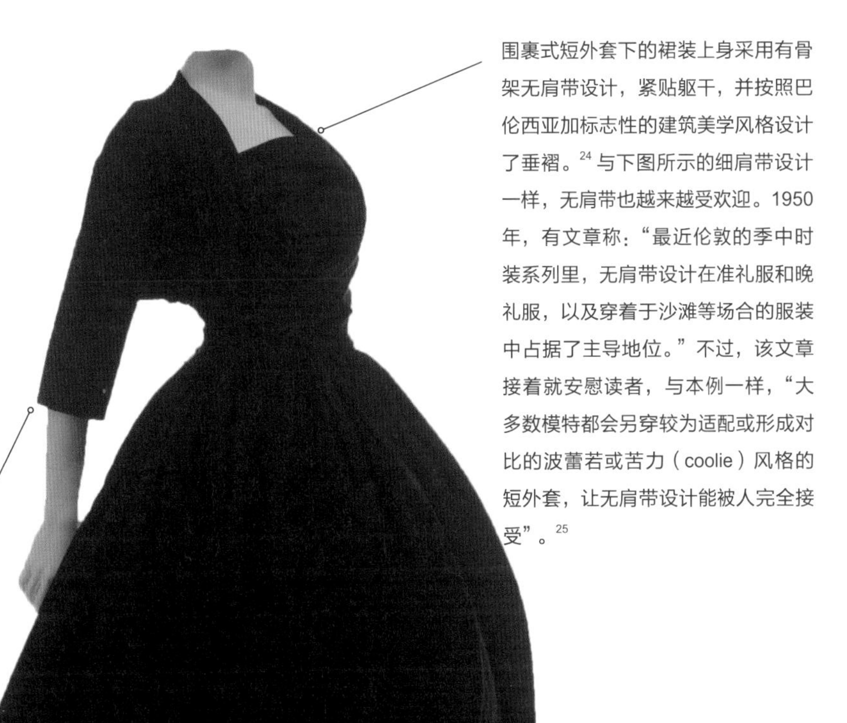

围裹式短外套下的裙装上身采用有骨架无肩带设计，紧贴躯干，并按照巴伦西亚加标志性的建筑美学风格设计了垂褶。[24] 与下图所示的细肩带设计一样，无肩带也越来越受欢迎。1950年，有文章称："最近伦敦的季中时装系列里，无肩带设计在准礼服和晚礼服，以及穿着于沙滩等场合的服装中占据了主导地位。"不过，该文章接着就安慰读者，与本例一样，"大多数模特都会另穿较为适配或形成对比的波蕾若或苦力（coolie）风格的短外套，让无肩带设计能被人完全接受"。[25]

七分袖又称手镯袖（bracelet-length sleeves），与短外套一体剪裁，形成德尔曼袖的样式。前襟采用裹身式设计，交叉并系于腰上。[26]

巴伦西亚加偏爱黑色和深蓝色等深色、纯色。从上到下使用单一色调是他审美理念和设计手法的标志。

为达到一定的丰满度，裙摆下可能垫了多层网纱衬裙。

裙摆在腰部和底边两次收束，塑造并增强了这种设计中非常关键的气球效果。底边起初饰有丝绸褶边，后来被拆下。

丹尼斯·巴纳姆（Denis Barnham），《凯瑟琳·玛格丽特·鲁德曼》，1954年，作者家族收藏

第十一章

1960—1970

1960年代，青少年成为影响服装界的一个重要因素。一场新的时尚革命即将爆发，专门面向在童年和成年之间徘徊无措的青少年群体。1950年代及之前，青少年打扮得和小孩子一样，女孩十五六岁左右才会第一次穿上“大人”的衣服。然而到了1960年代，其他领域（特别是音乐方面）开始迎合青少年的喜好。服装制造商也看到了商机，开始生产和销售为这一群体专门设计的服饰。青少年时尚的蓬勃发展，在披头士乐队的银幕首秀《一夜狂欢》（*A Hard Day's Night*, 1964）里表现得淋漓尽致。电影中有这样一幕：乐队成员乔治·哈里森（George Harrison）在伦敦一间繁忙的摄影棚里等待排练，误入了某档青少年电视节目的制作办公室，导演误以为哈里森是新来的工作人员，想让他说说“对于青少年服饰的看法”。哈里森答应了，被带去看了几件衬衫后，他厌恶地说：“我死也不会穿这些衣服，难看至极。”导演回答说：“是啊是啊……但你们想穿的就是这种嘛！”哈里森把节目公司聘请的专业“时尚顾问”批评得体无完肤后，扬长而去，留下导演和助手面面相觑：“你说这人会不会是个天才……他的想法会不会是未来发展方向的线索？”[1]这种冲突，以及伴随冲突而来的新选择，都是前所未有的。对于1960年代从青春期步入成年的女性来说，这些新选择代表的是空前的自由。

时装品牌也受到了这一趋势的影响，因为设计师们发现，如果不首先考虑“街头”风格的变化，他们就无法再引领潮流。街头时尚（street fashion）指的就是由时髦年轻男女所发展出的衣着风格，这种风格流行于城市中心，让最新时装比以往任何时候都更唾手可得。“奶奶去旅行”（Granny Takes a Trip）和最出名的“玛莉·官市集”（Mary Quant's Bazaar）等独立精品店，为其他摩登的时装店，如“塞尔弗里奇小姐”（Miss Selfridge）、“福阿勒和图芬”（Foale and Tuffin）等带来了灵感。许多精品店都喜欢开在卡纳比街，这里是“摇摆伦敦”（Swinging London）的中心，也是年轻、充满活力的时尚潮流的发源地。在街头时尚影响下，裙装发展重要变化之一的迷你连衣裙出现了。尽管很多人说迷你连衣裙的出现与安德烈·库雷热（Andre Courrèges）和玛莉·官有关，不过实际情况要更为复杂一些；这种裙装的出现反映的是社会对性别、女性身体的认识和态度出现了转变。玛莉·官说，设计迷你连衣裙只不过是顺应女性的需求，“切尔西女孩的腿很美……即使我不把衣服做短，她们也会自己剪短”[2]。针对这种情况，玛莉·官迅速吸收街头时尚元素，以调整自己的设计。同时，在高级时装界，圣罗兰也认识到街头风格是未来时尚的核心，将其元素融入自己的设计中。[3]新的流行文化不断发展，时尚逐渐与传统精英主义分道扬镳，女性渐渐不再受习俗惯例的约束。特别是对年轻女性而言，选择和

卡普里裤
1950年代末，拍摄于希腊罗德岛
私人收藏

尝试不同服装可以表露不同的文化态度，甚至是对性的态度，而在裙装上做实验是她们自我表达的重要手段。此时的世界充满了极具争议性的冲突，不断推进的性解放风潮日益高涨，人们对于性别角色的认知也变得模糊和富有弹性，在这样的时代，服装成为个人政治、社会和性别立场的重要标志。

裙装与半身裙仍是大多数女性的服装的重要组成部分，但到了1960年代末，人们也不再把裤装看作离经叛道，而是作为一种新的选择。《每日邮报》甚至在1960年提出，裤子“正在取代半身裙，成为顶级时装”，文章作者“不接受任何男性说裤装缺乏女人味，女性希望展现自己最有诱惑力的一面时，就会穿上裤装”。[4]然而这并不是说整个社会突然全盘接受了女性穿裤装——人们对于圣罗兰的“吸烟装”（Le Smoking）晚礼服的反应，足以说明社会上对女性穿裤装还广泛存在着反感情绪，而那时已经是1967年了；但1960年代确实可以被视作一种开端，我们开始看到，裙装正逐渐沦为众多选择的一种。不过人们在正式场合和需要仪式感时，还是经常选择裙装，这种态度始终未变。随着影响力不断上升，青少年时尚成功地推动了裤装潮流的发展。上一页的照片上是一个衣着时尚的希腊女孩，年纪十五岁上下，穿着一条白色卡普里裤——以其设计师意大利人艾米里欧·璞琪（Emilio Pucci）爱去的度假胜地命名。这类图片是宝贵的记录材料，见证了裤装在女性日常生活中不断“常态化”。

然而在整个1950年代和1960年代，女性时尚这一概念仍与各式裙装紧密关联，无论是单件半身裙还是连衣裙。上班时女性必须穿裙装，直到1980年代，穿长裤套装去工作才逐渐普遍起来。1960年代末，迷你连衣裙是时尚必备品。但是到了1966年，与迷你连衣裙截然相反的超长裙装——迷嬉裙（maxi dress）横空出世；这种及地长裙仿照昔日浪漫迷人的风格，由带花卉图案的面料制成，边缘饰有蕾丝，并搭配有着长款泡泡袖和覆肩的上身。在英格兰，罗兰·爱思（Laura Ashley）等设计师成为迷嬉裙的代名词。然而1960年代，除了明显的女性气质回归，“中性”一词也出现了，用来形容男女都能穿的服装。尽管男女双方的衣物总是借用对方的元素，但在此之前，从未有人专门设计两性通用的服装。

黑缎晚礼服

约1963—1965年，匹兹堡希彭斯堡大学时尚博物与档案馆

这件紧身晚礼服让人联想起奥黛丽·赫本的优雅，延续了1940年代和1950年代晚礼服上常见的垫臀效果。巴伦西亚加和维克多·斯蒂贝尔（Victor Stiebel）等设计师使用帷幔造型、泡起和褶裥再现了十九世纪女人味十足的曲线。虽然裙装本身很美，裙主人却很少穿它，她的丈夫说，这是因为臀部的设计会让人坐下时很不舒服——特别是在晚间聚会往返的车程中。[5]这件裙装由马里兰州黑格斯敦的零售商凯蒂·奥康奈尔（Katy O' Connell）处售出；按照《黑格斯敦每日邮报》（*Hagerstown's Daily Mail*）的说法，凯蒂·奥康奈尔是该地区小有名气的女装设计师，会举行公开讲座，并主持了一档名为《凯蒂选不选》的节目，为本地女性提供时装方面的建议。[6]

宽大的翻边领领口延伸到背后形成深V形，在此处可以看到拉链。

把蝴蝶结装饰融入帷幔的垫臀造型，是一种能强调风格的有趣而时尚的设计。这朵蝴蝶结正好位于腰线下方，配有按扣，给拉链留出空间。

在垫臀蝴蝶结的下方，黑色布块飘垂而下，形成短拖裾。

无肩带上身设计在1950年代广受欢迎，并延续到了1960年代。因此，时尚专栏经常专门划出版面讨论怎样穿无肩带裙装好看："基础支撑结构的选择……决定了裙装是否合身。如果裙装没有内置文胸，就需要搭配晚礼服文胸……从各个角度来看，穿无肩带裙装必须保持抬头挺胸。稍一驼背，裙装和其塑造出的体态都会变得不成样子。"[7]出于这些原因，上身需要紧贴躯干，最好还有内置骨架进行支撑和塑形。

这里的及地裙摆采用修身设计，紧贴大腿，使垫臀部位成为礼服的焦点。整个1960年代，时尚作家们都会谈到紧身晚礼服的回归——有人还将1920年代、1930年代和1940年代的流行趋势与1960年代做比较："（1960年代）穿着紧身晚礼服的女孩，让人回想起1930年代弹着手指的苗条佳人，胸前背后裸露着大片的肌肤。"[8]另一位作家则说当前的设计"将1940年代的所有魅力都带进了1969年"[9]。丽塔·海华丝（Rita Hayworth）在电影《吉尔达》（*Gilda*，1946年）中所穿的诱人黑色晚礼服，也能从细节上看到本例的影子。

安德烈·库雷热的大衣和迷你连衣裙

英格兰，1964年，悉尼动力博物馆

库雷热的“太空时代”系列于1964年春季首次亮相，将棱角分明的线条和明亮的纯白纯银搭配带到了时装界。这套成衣反映了库雷热的美学观点，以及他设计理念的另一个关键部分：为现代年轻女性提供平民化、商业化的时装选择。

大衣内搭的亮黄色羊毛裙装有立领，周围环绕着宽幅覆肩。这种让人联想到小女孩的衣服的设计美学，在 1960 年代中后期越来越受欢迎。[10]

裙装和大衣的接缝处采用明线（topstitching）缝纫，突出了平整简洁的直线剪裁。

白色腰带由聚乙烯基织物制成，是聚氯乙烯（PVC）产品的一种。这种闪亮耐用的材料源自实验室，这也赋予了它极富“未来感”的现代魅力，并完美地与库雷热和皮尔·卡丹（Pierre Cardin）等设计师的太空时代美学相融合。

腰带环与假口袋的袋盖、腰带扣、短外套翻领的形状相呼应。柔和的弧形边缘是 1960 年代许多设计都会使用的一个特征，可见于家具、家居用品和服装领域。

条形底边（banded hemline）是库雷热太空时代美学的一个特征，通常是将单独的一条布料缝在底边上，在一些设计中，还会使用与衣物主体形成对比色的面料，其中也包括太空时代最青睐的银色。[11]

A 字形裙摆紧贴臀部，向下逐渐张开，本例的展开程度非常小。

这款亮面平底靴与库雷热 1964 年推出的设计系列中的主打鞋款类似，其灵感来自宇航员的宇航服。

晚礼服

1965—1970年，西澳大利亚州斯万吉德福德历史学会

1960年代不只流行迷你的裙摆，下图这件引人注目的柠檬绿波点晚礼服是1960年代中期典型的长款裙装，这种长度的裙装在1960年代中后期到1970年代重出江湖，被称为迷嬉裙。这件裙装购自悉尼的哈比服装店，使用的面料是涤纶（polyester）和粘胶纤维。[12]

上身前中线上有五枚扣子，用与裙摆相同的面料包覆，只起装饰作用，这件裙装实际上是通过背后的长拉链固定的。[13]

图示裙袖在上臂紧贴，在肘部以下向外呈圆形展开。这种喇叭袖在整个1960年代，乃至1970年代的服装上都可以见到。肘部系有一条细长的淡黄色缎带，突出了喇叭袖的设计。

使用薄透面料，尤其是只在服装的某部分使用，在1960年代中期很流行。《澳大利亚女性周刊》于1965年推荐了这类面料，同时还称“印花、条纹和波点”正在复兴。[14]

这款及地A字裙是当时非常流行的晚礼服设计，是出席晚宴和其他正式场合的得体选择，在1964到1965年颇受推崇。

帝政式高腰于1960年代再度流行，一直持续到1970年代（见下图），此处倒V形的高腰设计是对这种腰线造型的致敬。上述设计经常被人们推荐给家庭裁缝，并建议他们在同一件衣服上使用多种材质和纹理的面料。1960年代中期的各类资讯都说，上身与裙摆使用对比色是高腰晚礼服的正确选择；这也是品牌吉瓦伦（Jean Varon）的设计师约翰·贝茨（John Bates）钟爱的设计，他是推广高腰线的功臣。

1970年代早期到中期的高腰迷嬉长裙，英格兰，作者家族收藏

“蜜月”裙装和外套

1966年，西澳大利亚州斯万吉德福德历史学会

这件公主线式裙装与中国的旗袍（或称为苏丝黄裙［Suzie Wong dress］，得名于1960年的电影《苏丝黄的世界》［*The World of Suzie Wong*］）极其相似，说明澳大利亚与其亚洲邻国关系密切，受到了一定的影响。[15]这种贴身剪裁的风格最早出现在1920年代的上海，直到1960年代都在模仿传统中国服饰的设计，使用丝绸或素缎面料裁制。然而，下面这套的主体面料是浅绿松石色亚麻布。

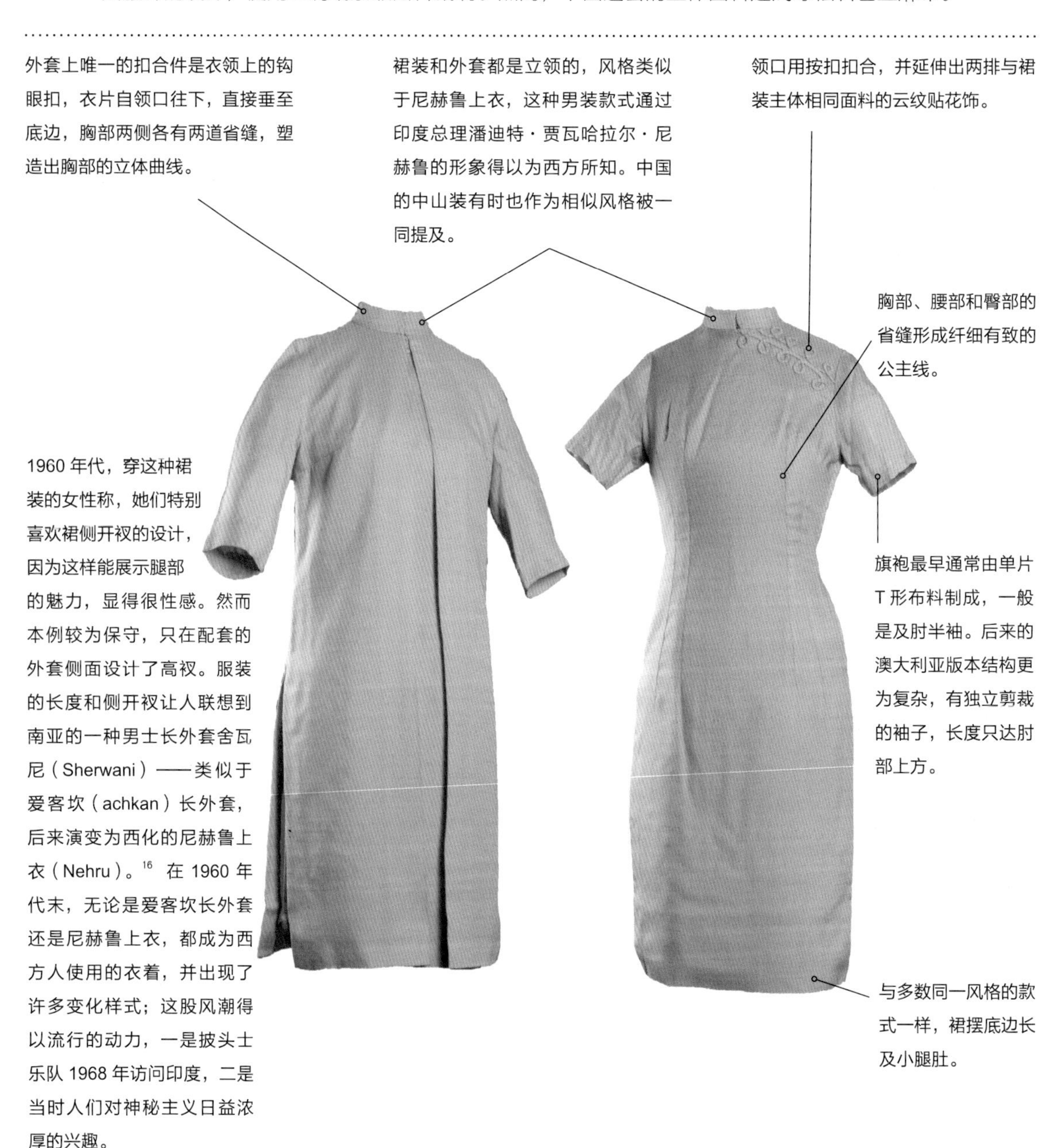

外套上唯一的扣合件是衣领上的钩眼扣，衣片自领口往下，直接垂至底边，胸部两侧各有两道省缝，塑造出胸部的立体曲线。

裙装和外套都是立领的，风格类似于尼赫鲁上衣，这种男装款式通过印度总理潘迪特·贾瓦哈拉尔·尼赫鲁的形象得以为西方所知。中国的中山装有时也作为相似风格被一同提及。

领口用按扣扣合，并延伸出两排与裙装主体相同面料的云纹贴花饰。

胸部、腰部和臀部的省缝形成纤细有致的公主线。

1960 年代，穿这种裙装的女性称，她们特别喜欢裙侧开衩的设计，因为这样能展示腿部的魅力，显得很性感。然而本例较为保守，只在配套的外套侧面设计了高衩。服装的长度和侧开衩让人联想到南亚的一种男士长外套舍瓦尼（Sherwani）——类似于爱客坎（achkan）长外套，后来演变为西化的尼赫鲁上衣（Nehru）。[16] 在 1960 年代末，无论是爱客坎长外套还是尼赫鲁上衣，都成为西方人使用的衣着，并出现了许多变化样式；这股风潮得以流行的动力，一是披头士乐队 1968 年访问印度，二是当时人们对神秘主义日益浓厚的兴趣。

旗袍最早通常由单片 T 形布料制成，一般是及肘半袖。后来的澳大利亚版本结构更为复杂，有独立剪裁的袖子，长度只达肘部上方。

与多数同一风格的款式一样，裙摆底边长及小腿肚。

橘红凫蓝撞色丝绸印花裙装

1960年代中晚期，匹兹堡希彭斯堡大学时尚博物与档案馆

这件裙装的原主人是加拿大酒店协会会长的夫人，她因这一身份周游各国，参加了许多活动，这件裙装，以及相搭配的与裙装主体同料的围巾、浅绿色鞋子和一只手包，是她出席协会正式午餐会时的穿着。这件裙装由裁缝阿黛尔·布劳斯（Adele Bloss）制作，售价约一百一十美元。其明亮的花卉图案、低腰设计和及膝裙摆都是这个时代极具代表性的服装特点。[17]

“迷幻”（psychedelic）已成为1960年代的同义词，指使用娱乐性药物（recreational drug）后所产生的效果，及麦角二乙胺（LSD）等物质所导致的感知扭曲。这种体验会被表现在美术和音乐当中，如本例的“迷幻印花”，无论是否尝试过这类药物的人都很喜欢。

1960年代后期，围绕“花的力量”（flower power）创造的视觉形象在反战抗议和嬉皮士运动当中大量使用。反主流文化之一的迷幻风潮，也用代表大自然的花卉来作为和平的有力象征，以传统花卉图样（整个1960年代都很流行）结合明亮的、近乎联觉性的光怪陆离的色彩与形状组合，将用药后的幻觉经验具象化出来。在这件裙装上，背景是鲜艳的橙色，花瓣和花茎有霓虹粉、绿松石色、淡蓝色、紫色、芥末色和黑色，都不是自然界中的花草颜色组合，却完美地体现了这个时代文化和艺术的影响。

用同花色的裙装和围巾做搭配是通行的时髦做法。围巾既可以戴在脖子上（如图），也可以用作发饰。

袖子采用主教袖形式，即在手腕处做蓬松处理，再于袖口收紧。在这个例子中，袖口很长且紧贴手臂，用两颗扣子扣合，扣子用与裙装主体相同的面料包裹。

低腰设计仍经常出现，常被时尚作家称为“落身”（dropped torso）或“落腰”。美国的一篇“时尚小贴士”专栏文章特别推荐年轻女性选用这种设计：“腰线落了下去（但绝不落伍）……在落腰裙的衬托下，叛逆的年轻人看起来身形颀长而高挑。”[18] 这些评论和图示裙装的低腰风格都反映出，这一时期1920年代和轻佻女郎的影响犹在。

前摆有一条暗裥，给穿着者额外增添了活动空间。

红色迷你连衣裙

约1968—1970年，西澳大利亚州斯万吉德福德历史学会

这件裙装是1960年代晚期时，裙主人为了参加大学合唱社晚宴，从墨尔本的一家名为“拉文德”的商店购买的，用的是厚实的合成纤维冬装面料。后来于1960年代末至1970年代初在西澳大利亚州继续使用。[19]

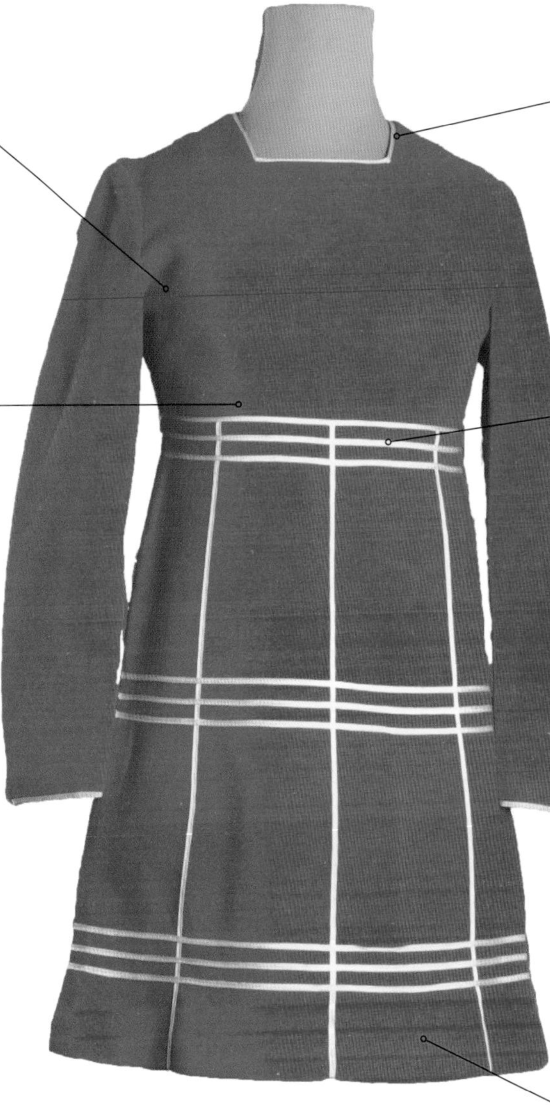

上身紧贴胸部，两侧都有省缝。

1960 年代末，日装和晚礼服都很喜欢用方领。高领口无领片风格的日装是报纸杂志的时尚版特别推荐的。

这件裙装展现了当时《澳大利亚女性周刊》上读者们对流行趋势的探讨，女性读者想买“方领或圆领的长袖”裙装，杂志的时尚专栏则建议她们选择“比椭圆领更新潮”的方领、及腕长袖，以及腰部稍微内收的裙装。[20]这件裙装的腰线也被拉至帝政式高腰线的高度，并用白色穗带勾勒出其位置。

醒目的白色线条横竖交织，让人想起彼埃·蒙德里安的画作，继而联想到蒙德里安裙（Mondrian dress）——1965 年圣罗兰为致敬蒙德里安而设计的鸡尾酒会礼服。该设计自首次亮相以来，就被以各种方式不断重新诠释，商业街上的专卖店也迅速为更广大的顾客群体推出了经济实惠的版本。

裙摆略呈 A 字形，底边向外展开。

黄色绉纱裙装

1960年代—1970年代初，匹兹堡希彭斯堡大学时尚博物与档案馆

这款色彩鲜艳的无袖裙装是简约而动感的1960年代迷你裙装的代表，其A字形裙摆轮廓和高腰线是当时典型的流行剪裁，羽毛装饰则为裙摆增添了趣味和时尚感。

这件裙装采用轻质绉纱面料。合成纤维面料好穿易打理，且与服装常需展露的青春洋溢、无忧无虑的气质相吻合，因而在整个 1960 年代持续热销。

宽而高的船形领在后背挖成深 V 形，深 V 的中央连着拉链。后中线与腰线交叉处饰有蝴蝶结，蝴蝶结使用的面料与裙装主体相同。[21] 后背的 V 领和蝴蝶结组合在 1960 年代相当受欢迎，时尚专栏称无论是成熟女性还是年轻女孩，都很适合穿这种风格的裙装。

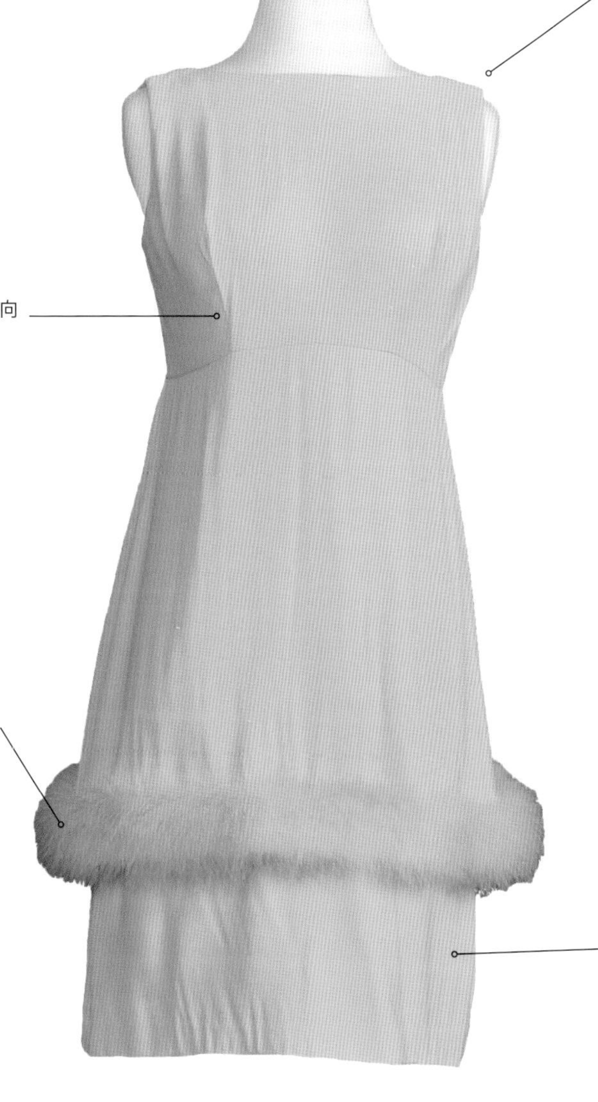

两道省缝勾勒出躯干的轮廓，向下连接到帝政式高腰线。

精致的羽毛装饰和身后的蝴蝶结是这件衣服上仅有的装饰——这种设计使人们的关注点聚焦到长未及膝的底边上，也凸显了同 1920 年代时尚的联系。在 1960 年代的时装中，经常可以看到 1920 年代的风格元素，比如简单的无袖鞘形版型，或是大量使用羽毛和羽毛围巾等。这件裙装的设计灵感源自纪梵希为女演员奥黛丽·赫本设计的一件纯白色裙装，其亮点是用一圈红色鸡毛装饰的底边。

用羽毛装饰下摆的灵感也被认为来自 1920 年代的时尚："你不必记得'繁荣的 20 年代'（Roaring' 20s）就可以穿轻佻女郎的裙装，在下摆上装饰羽毛，穿束腰外衣，留短发——这也是 1966 年春季时尚的组成元素。每一个服装系列……都或多或少地借用了 1920 年代的设计。"[22]

名词解释

唯美裙装（aesthetic dress，十九及二十世纪）：当时也称“艺术裙装”。唯美裙装的设计受威廉·莫里斯（William Morris）和伦敦利伯缇百货的影响，表达了崇尚自然、渴望摆脱拘束的理想。这种设计通过奥斯卡·王尔德领导的唯美裙装运动得以传播。用王尔德的话说：“服装的价值在于……其每一个部分都有各自的道理。”这种服饰会强调柔软的天鹅绒面料和宽松的抓褶，依据历史上（特别是中世纪）的例子，做出不那么僵硬拘束的服装。

围裙装（apron dress，二十世纪）：一种轻质棉布裙装，上身紧贴身体，裙摆稍作收束，身前正中缝有一片矩形布块。布块四周饰有褶皱或蕾丝饰边，两侧有装饰性围腰系带，形成“围裙”。

束发带（bandeau，二十世纪）：一种绑在额头上的纺织布带，1920 年代常作为晚礼服配饰。

巴斯克（basque，十七世纪）：指裙装上衣下方的垂片部分，功能是为躯干塑形，搭配下裙穿。

牧羊女帽（bérgere hat，十八世纪）：一种宽檐浅帽顶的圆形大帽，这种风格由乡村服饰发展而来，在大约 1750 到 1770 年间特别流行。

蓓莎领（bertha，十九及二十世纪）：宽至肩部外缘、围着领口披着的宽领。

斜裁（bias cut，二十世纪）：逆着纹路斜向剪裁的工艺。在大规模使用弹性人造布料之前，人们用斜裁让天然面料产生了紧贴躯体的效果，至今仍是流行的剪裁方式。

主教袖（bishop sleeve，十九世纪）：1840 年代流行的一种长袖，袖子顶部紧贴手臂，然后逐渐变宽，在手腕处收束成宽袖口。

博巴斯填料（bombast，十七世纪）：一种服装的衬料或填料，通常由羊毛制成。

布伦瑞克短外套（brunswick，十八世纪）：一种非正式场合穿的（通常不带骨架）中长款短外套，配衬裙，长度及地的版本就是耶稣会式外衣（Jesuit）。

插骨（busk，十七世纪）：长而平的鲸骨、木条或金属条，插入裙装上衣前部以增加硬度，改善穿戴者的体形。

蝴蝶袖（butterfly sleeves，二十世纪）：松散下垂的短袖，开口宽，在袖窿处打褶收紧。

卡拉科短外套（caraco，十八世纪）：一种女式短外套，借鉴了裙装（此处特指英格兰长袍）上身的设计，搭配衬裙，组成一套两件式服装，剪裁必须紧贴穿着者躯体，常与衬裙采用同一面料。

车轮式拉夫领（cartwheel ruff，十六及十七世纪）： 于大约 1580 至 1610 年出现并广为流行，是拉夫领中最宽的一种，直径可达十八英寸，穿戴时需要在领下配支撑物。

宽裙装（chemise，二十世纪）：“不合身”风格的裙装。受巴伦西亚加、迪奥等设计师 1950 年代试图提出的新美学影响。宽裙装直到 1950 年代末才受到关注，却对之后的“六十年代风格”产生了巨大影响。

乔品（chopines，十七世纪）： 一种厚底木鞋。高高的木鞋为穿着者创造了一个“平台”，避开街道上的泥泞。源自木底靴（patten），可能是早期木底鞋（clog）的灵感来源。

钟形女帽（cloche，二十世纪）： 一种一般由毛毡制成的女帽。紧贴头部，通常无檐，能包住头发，模仿 1920 年代典型的波波头的样子。

大衣式裙装（coat dress，二十世纪）： 顾名思义，是一种高领造型、常附有腰带的轻便合身的连衣裙，结合了实用与优雅，是适合新步入职场的女性的职业装，在第二次世界大战即将结束时开始流行。

头巾帽（coif，十六及十七世纪）： 紧贴头部的布制帽子。

胸花（corsage，十九及二十世纪）： 别在胸前或戴在手腕上的一束花。

束腰胸衣（corset，十九世纪以降）： 一种用鲸骨强化硬度的内衣，包裹躯干，用来收紧腰部，为穿着者塑造出适合穿上时髦衣服的身材。参见束胸衣。

双绉（crêpe de chine，二十世纪）： 一种用丝绸作经纬线的面料，具有迷人的光泽，流行于 1930 年代。

克里诺林（crinoline，十九世纪）： 这个词本义是指一种用马毛制成的加固衬裙的织物。很快就被用来指 1850 年代末到 1860 年代的一种笼形裙撑，这种裙撑用一排排钢圈塑造出拱顶般的形状。

花缎（damask）： 一种带花卉或动物图案的丝绸面料。

围裙式裙装（drop-front dress，也称 apron-front dress，十九世纪）： 正面有一片可拆卸或自然垂坠的布块的裙装，布块用别针或扣子固定在前方肩带上。这种固定方法使衣服的背面流畅且不被分割。

多重花边（engageantes，十八世纪）： 假袖的褶边，可用在十八世纪各种不同风格的裙装上。最复杂、最夸张的例子通常出现在袋背外衣（法兰西长袍）上。

蕾丝大翻领（falling band，十七世纪）： 一种与一般拉夫领不同、围在脖子上的柔软领子，两端很长，向下垂到胸口。

轻佻女郎（flapper，二十世纪）： 时尚的年轻女性，无视传统，喜欢尝试一切新鲜和现代的东西。穿炫目华丽、最新款式的低领短裙，惹人注目，行为不羁。

方当伊高头饰（fontange，十七世纪）： 高耸假发造型的装饰部分，由蕾丝和纱布组成，置于一个金属丝框架上。十七世纪最后二十年很受欢迎。这种头饰也被称作“柜子”（commode），这个词原指支撑方当伊高头饰的金属丝框架。

前裙（forepart，十六世纪）： 一种装饰华丽的底裙，穿在外裙内，并从其前开口露出，一般用与外裙颜色有对比的布料缝制。

法式带骨裙撑（French farthingale，十六及十七世纪）：也被称作轮形或鼓形带骨裙撑，使用这种裙撑使十六世纪末的女性身体曲线发生了巨大改变。裙撑上有一个宽大的圆盘状结构，下面有一系列的裙箍，从腰部到地面的宽度相同，裙摆自圆盘状结构处直垂到地面。

裙边饰（furbelow，十七世纪）：装饰衣服的褶边或荷叶边。

金兰结（gallants，十七世纪）：附在裙装上衣和下裙各处的丝带蝴蝶结，强调袖口、肩膀和领口，并在十七世纪后期用来指裙摆上新出现的呈环状的提起部分和帷幔造型部分。

加里波第衫（Garibaldi blouse，十七世纪）：一种原本设计用来搭配素面日装半身裙的服装，在十九世纪汇入了“分离式”女装的潮流。源于军装，衣袖低垂丰满，袖口收束，高领。“加里波第”这个词也可以用来指某种特定的短外套、裙装上衣或袖子。

套头直筒连衣裙（gaulle，十八世纪）：也称“王后的宽松内衣”，一种平纹细布罩裙，形态效仿宽松内衣——当时女性主要的内衣形式。通过系在腰部周围的饰带来收束衣物，塑造出曲线；现存例子上常可见到鼓起的大袖和有饰边的领口，这些地方用的都是与外衣本体相同的轻薄面料。

束腰（girdle，二十世纪）：一种 1920 年代和 1930 年代穿在躯干下部和臀部周围，起塑身作用的衣物，先是用于塑造男孩般的体态轮廓，后来又用于塑造穿斜裁罩裙所需的苗条身材。

摇摆靴（go-go boots，二十世纪）：1960 年代流行的低跟、及膝的靴子，搭配迷你连衣裙和迷你半身裙穿。

拼片裙（gored skirt）：一种由三角形的布料组成的半身裙，能创造出紧贴腰部和臀部的轮廓，有修饰身材的效果。

中筒靴（half boots，十九世纪）：这是一种实用、结实的皮靴，高度约及小腿，取代了室内穿着、搭配晚礼服的精致拖鞋。

垂袖（hanging sleeves）：罩裙的套袖，敞开着下垂到手腕或地板，有时边缘会用缎带系起来。

蹒跚裙（hobble skirt，二十世纪）：流行于约 1910 至 1914 年；裙摆往下逐渐变窄，底边处极窄，走路时迈不开步，如同蹒跚。

家居裙装 / 家居外衣（house dress/coat，二十世纪）：一种设计简单的棉质裙装，人们会在做家务和购物时穿。

印度花布（Indienne，十八世纪）：几乎可以用来指任何一种从东方进口的印花织物。

和风（Japonisme，十九世纪）：十九世纪末，一股对日本纺织品、绘画、家具和室内设计的狂热席卷英国，后来又蔓延到美国。这股风潮在很大程度上源自 1854 年日本与欧洲的贸易开放。

打底裙（kirtle，十六世纪）：可以指底裙，有时也可以指用于保暖的有上身的衬裙。

凯蒂·弗伊裙（“Kitty Foyle” dress，二十世纪）：得名于1940年琴吉·罗杰斯（Ginger Rogers）主演的同名电影。是一种使用深色素面布料制作的日装，搭配对比鲜明的白色衣领，有时袖口、扣子和其他细节处也使用白色。

金银锦缎（lamé，二十世纪）：一种流行的晚礼服面料，用金属丝线织成。

羊腿袖（leg-of-mutton sleeves，也称 gigot sleeve，十九世纪）：一种上臂处非常宽大、膨起如气球状、从肘部开始变窄的衣袖。

曼图亚（mantua，十七世纪）：一种起初非正式的宽松服装，身体部分分作前后两片，两片都和袖子一体剪裁。在肩部打褶，织物垂到腰部，并由饰带和别针固定。曼图亚后来在十八世纪早期发展成袋背外衣。

迷你连衣裙（mini dress，二十世纪）：一种很短的裙装，底边在膝盖上方。通常以直筒连衣裙的形式来剪裁，或有袖或无袖，领口高圆，有时带领子。

摩登（mod，二十世纪）：1960年代发明的一个术语，意为“现代”、“时髦”，多用于形容服饰。

宝塔袖（pagoda sleeve，十九世纪）：一种喇叭形的宽袖子，通常穿在假袖上，有时会在接缝处做出开口；用装饰性的绳子或丝带系起。

女式紧身大衣（paletot，十九世纪）：一种长而合身的外套，穿在克里诺林裙撑或后来流行的垫臀裙撑外。

拼缝袖（paned sleeve，十六及十七世纪）：由多片单独的布块拼接而成，穿在身上时，布片之间的缝隙会张开，以便露出下面华贵（通常是对比色）的面料。

篮式裙撑（paniers，十八世纪）：一种圈环裙（后来变成一对较小的“口袋箍”），作用是把裙摆撑成矩形。

紧身小衫（partlet，十六世纪）：一种会遮盖颈部和胸部的长袖小衫。

人造宝石（paste，1930年代）：看上去像宝石的玻璃，用来制作珠宝。也称水钻或莱茵石。

木底靴（pattens，十七世纪）：类似乔品（参见第二章）的鞋子。

陀螺半身裙（peg skirt，二十世纪）：结构与蹒跚裙类似，形状仿佛木质晾衣夹，臀部宽，向下逐渐变窄，长及脚踝。

陀螺式裙装（peg-top dress，二十世纪）：受第一次世界大战时期服装风格的启发而产生的裙装。未受1950年代和1960年代青少年潮流引领者的青睐，但被更成熟的女性所接受。其造型臀部丰满，往腿部逐渐变窄，直至脚踝，形成了类似蹒跚裙的效果。裙长也可以及膝，及膝的版本作为鸡尾酒会礼服很受欢迎。

狭长披肩（pelerine，十九世纪）：一种齐肩的披肩，由厚重有光泽的织物如天鹅绒制成，边缘常饰有皮草。

皮长外衣（pelisse，十九世纪）：寒冷月份穿的高腰长款外套。

短袋背外衣（pet-en-lair，十八世纪）：功能类似卡拉科短外套，风格与法兰西长袍或宽外服相同，特征是华托褶和七分袖。

衬裙（petticoat，十六至二十世纪）：整个十八世纪都将半身裙泛称为衬裙，而里衬裙（under-petticoats）才是指穿在内里的一种衣物，用以保暖和增加体积。直至十九世纪，衬裙才专指穿在里面打底用的半身裙。

皮埃罗（pierrot，十八世纪）：一种（通常是）长袖的短外套，特点是背部有褶裥，流行于十八世纪后半叶。形式类似于卡扎其（casaquin，一种短而合身的短外套，背后打褶的部位就是皮埃罗做皱褶的地方）。

鸽袋式或鸽胸式前身（pigeon-pouter or pigeon-fronted bodice，二十世纪）：一种聚拢的、膨起的、稍稍垂过腰线的衬衫正面部分，可以创造出二十世纪初流行的"单胸"效果。

药丸盒帽（pillbox hat，二十世纪）：杰姬·肯尼迪（Jackie Kennedy）常戴的一种无檐小帽子，侧面垂直。

女式连裤装（playsuit，二十世纪）：和另一种女式连裤装（rompers）一样，都与美国设计师克莱尔·麦卡德尔（Claire McCardell，1905—1958 年）有关，也都是上下身相连的一件式短裤，是专为女性设计的夏日运动休闲装，也是美国大众市场上很容易买到的各种轻松有趣服装的一个缩影。

鬃毛裙（poodle skirt，二十世纪）：一种构造简单、有着圆形裙摆的半身裙，起源于 1950 年代的美国，并成为 1950 年代时尚的标志。通常由毛毡制成，其英文名直译为"贵宾狗裙"，源自缝在底边附近的贵宾狗形状的布块。波比短袜派（bobby-soxer）这个词常用来指穿着鬃毛裙、搭配毛衣和短袜的女孩。

人造丝（rayon，也称 artificial silk，二十世纪）：是一种用再生纤维素制造的人造纤维。

领撑（rebato，十七世纪）：源于拉夫领，一种连接在裙装上衣或罩裙领口处的立领，流行于约 1580 年至 1630 年代之间。

小型串珠网袋（reticule，十九世纪）：一种小钱包，通常用拉绳闭合，用来装钱、钥匙和手帕等物品。

风格长袍（robe de style，二十世纪）：低腰的轻佻女郎风格服饰的一种替代品，主要为想要凸显身材的年长女性而设计。

英格兰长袍（robe à l'anglaise，十八世纪）：上身紧贴躯干、裙摆长而丰满的罩裙。裙摆常被设计成类似波兰长袍的帷幔造型，通常不用配篮式裙撑。有时也被称为英式睡袍（English bed gown）、睡袍或紧身睡袍（closebodied gown）。

切尔卡鲜奴长袍（robe à la circassienne，十八世纪）：波兰长袍的一种，其特色是边饰和配件具有东方风情。

法兰西长袍（robe à la française，十八世纪）：一种连体式罩裙，通常正面敞开，搭配三角胸衣片和带装饰的衬裙穿着。里面穿束腰胸衣和撑起裙摆两侧的篮式裙撑。

波兰长袍（robe à la polonaise，十八世纪）：这种长袍上身斜裁，裙摆抓提出垂褶，露出里面（通常）对比鲜明的衬裙。

过渡风格长袍（robe à transformation，十九世纪）：这一创新风格的女装在十九世纪很受欢迎，白天晚上都能穿，通常包括一件上衣和一条半身裙（第七章有一个1890年代的例子）。这种端庄的准礼服通过增加紧胸衬衣，去掉颈部覆盖物，便可以成为迷人的晚礼服，纯从实用性而言，意味着其使用寿命可以更长。

土耳其长袍（robe à la turque，十八世纪）：设计灵感来自中东或所谓的东方时尚。剪裁通常是宽松的，显著特征是短袖、色彩鲜艳的饰带，以及丰富的整体配色。

圆礼服（round gown，十八世纪）：这是一种（套头穿的）闭合式高腰长袍，上衣和下裙连成一体，流行于十八世纪末和十九世纪初。

布袋裙（sack dress，二十世纪）：由巴黎世家品牌的创始人克里斯托巴尔·巴伦西亚加推出的一种宽松、无腰裙装。

S形束腰胸衣（S-bend corset，二十世纪）：又称直前式束腰胸衣，顾名思义，它把胸部推向前、臀部推向后，将女性躯干塑造成略微S形的模样，因吉布森女孩形象而得以广为人知。吉布森女孩是漫画家查尔斯·达纳·吉布森（1867—1944年）创造的一种女性形象。

椭圆形领口（scoop neckline，二十世纪）：裙装或单件上衣上低胸的宽圆领口。

抽褶（shirring，十九及二十世纪）：用于营造立体感及装饰的紧凑聚拢的数道褶子。

仿男式女衬衫（shirtwaist，十九世纪）：量身定制的女式衬衫（美式用法）。

短束胸衣（short stays，十九世纪）：或称半束胸衣（half stays），束腰胸衣或"独立式双片胸衣"的一种，包裹支撑的部位仅及胸部和肋骨，配合当时流行的让腰部和臀部不受约束的做法。这类衣物也有较长的款式。

切口(slashing-dagges，十六及十七世纪):将织物剪开后的开口用作装饰的做法，开口处面料边缘可以做成齿边，也可以不加花样。

褶皱绣（smocking，十六世纪以来）：效果类似褶襞的刺绣技术，布料被处理过的区域会产生弹性。如今仍常用于儿童服装上。

西班牙式带骨裙撑（Spanish farthingale，十六世纪）：由一系列圆形裙箍组成的裙撑，上窄下宽，呈圆锥形，裙摆由臀部垂至地面。这种裙撑首次亮相于十五世纪末，在都铎时代就被使用，直到十六世纪最后十年都还能见到稍微变化的款式。

斯宾塞短外套（Spencer，十九世纪）：一种长袖短外套，套在高腰的裙装上身外，搭配日装和晚礼服穿。斯宾塞短外套因斯宾塞伯爵（Earl Spencer，1758—1834年）而得名，此人实验性地把外套尾部剪下，做出了这种服装。

汤勺罩帽（spoon bonnet，十九世纪）：一种帽檐翘起的高檐帽，与以往流行的款式相比，这种帽子能更彻底地展露佩戴者的面部轮廓。帽檐内侧通常装饰着丝带、花朵和蕾丝。

束胸衣（stays，十六至十九世纪）：带骨架的束腰胸衣，穿在罩裙内，增加立体感与挺度，将女性躯体塑造成当时流行的曲线轮廓。某些时代也称其为“独立式双片胸衣”，“束腰胸衣”一词要到十九世纪才开始成为常用词汇。

斜叠式裙装上衣（surplice bodice，十九及二十世纪）：有着交叉层叠的 V 领领口的裙装上衣。

瑞士束腰（Swiss waist，十九世纪）：一种穿在胸部下方的带骨架的衣服（但与束腰胸衣不同），套在日装（通常是衬衫和半身裙组合）外面。

女式披肩（tippet，十六世纪以降）：一种短披肩。

梯形裙装（trapeze dress，二十世纪）：一种整体呈梯形的服装，肩膀处很窄，然后在腰部和臀部向外张开。设计师伊夫 · 圣罗兰于 1958 年为迪奥品牌设计了这款裙装。

两件式套装（twin set，二十世纪）：流行于 1950 年代到 1960 年代，这种风格干练的套装包括合身的卡蒂冈式开襟毛衫（cardigan）和修身的半身裙，通常还会搭配一串珍珠。

实用服装（utility clothing，二十世纪）：英国政府提出的一项战时政策，旨在节约布料，为英国公民生产既实用又时尚的服装。美国也有一项类似的政策，即 L-85 条例。美国人将这一风格的套装称为胜利套装。

藕节袖（virago sleeve，十七世纪）：一种宽大的拼缝袖，沿手臂用带子绑起固定，并把袖子分成几截，状似莲藕（见第二章安东尼·凡·戴克《执扇子的女人》）。

摇摆裙（wiggle dress，二十世纪）：1950 年代鞘形裙装的别称，有着修身的线条，底边比臀部窄。就像四十年前的蹒跚裙一样，穿着者不得不迈着“摇摆”的步子走路。

裹袍（wrapper，十九世纪）：在家里穿的一种非正式服装（即“居家服”），通常在上午穿。前扣式，可以不用搭配束腰胸衣，这也使得裹袍比较不适合在公共场合穿。

几波利尼（zibellini，十六世纪）：流行于十五和十六世纪的一种奢侈配件，可以当作披肩或拿在手中。这一配件由松貂皮制成，表面用金银珠宝镶出松貂的面部特征。（伊丽莎白一世的禁奢令中提到的“黑貂皮草”指的便是几波利尼。）

祖阿芙短外套（Zouave jacket，十九世纪）：一种波蕾若风格的短外套，流行于 1860 年代，前侧呈弧形，不闭合，往腰部逐渐变窄。

注释

前言

[1] Elsa Schiaparelli in Kahm, Harold S., "How to be Chic On a Small Income," *Photoplay Magazine*, Aug. 1936, p. 60.

[2] Luther Hillman, Betty, *Dressing for the Culture Wars: Style and the Politics of Self-Presentation in the 1960s and 1970s*, The Board of Regents of the University of Nebraska, 2015 (eBook).

[3] Gabor, Zsa Zsa, "Always at Your Best," *Chicago Tribune*, Sept. 25, 1970, p. 8.

Chapter 1

[1] Fagan, Brian, *The Little Ice Age: How Climate Made History*, New York: Basic Books, 2000, p. 53.

[2] Aughterson, Kate, *The English Renaissance: An Anthology of Sources and Documents*, London: Routledge, 1998, pp. 164-67.

[3] Ashelford, Jane, *A Visual History of Costume: The Sixteenth Century*, New York: Drama Book Publishers, 1983.

[4] Cotton, Charles, *Essays of Michel Seigneur de Montaigne: The First Volume* (facsimile), London: Daniel Brown, J. Nicholson, R. Wellington, B. Tooke, B. Barker, G. Straban, R. Smith, and G. Harris, 1711, p. 409.

[5] Köhler, Carl, *A History of Costume*, New York: Dover, 1963, p. 237.

[6] Wace, A.J., *English Domestic Embroidery-Elizabeth to Anne*, Vol. 17 (1933) *The Bulletin of the Needle and Bobbin Club*.

[7] Latteier, Carolyn, *Breasts: The Women's Perspective on an American Obsession*, New York: Routledge, 2010, p. 32.

[8] Landini, Roberta Orsi, and Niccoli, Bruna, *Moda a Firenze, 1540-1580: lo stile di Eleonora di Toledo e la sua influenza*, Oakville: David Brown Book Company, 2005, p. 21.

[9] Mikhaila, Ninya, and Malcolm-Davies, Jane, *The Tudor Tailor: Reconstructing 16th-Century Dress*, London: Batsford, 2006, p. 22.

[10] Yarwood, Doreen, *Outline of English Costume*, London: Batsford, 1977, p. 13.

[11] Davenport, Millia, *The Book of Costume: Vol. I*, New York: Crown Publishers, 1948, p. 446.

[12] Cumming, Valerie, Cunnington, C.W., and Cunnington, P.E., *The Dictionary of Fashion History*, Oxford: Berg, 2010, p. 88.

[13] Yarwood, Doreen, *European Costume: 4000 Years of Fashion*, Paris: Larousse, 1975, p. 124.

Chapter 2

[1] Waugh, Norah, *The Cut of Women's Clothes, 1600-1930*, London: Faber & Faber, 1968, p. 28.

[2] Cunnington, C. Willett, and Cunnington, Phyllis, *Handbook of English Costume in the Seventeenth Century*, London: Faber & Faber, 1972, p. 97.

[3] *The Needle's Excellency: A Travelling Exhibition by the Victoria & Albert Museum-Catalogue*, London: Crown, 1973, p. 2.

[4] Pepys, Samuel, and Wheatly, Benjamin (eds.), *The Diary of Samuel Pepys*, 1666, New York: George E. Croscup, 1895, p. 305.

[5] Otavská, Vendulka, Ke konzervování pohřebního roucha Markéty Františky Lobkowiczové, Mikulov: Regionální muzeum v Mikulově, 2006, s. 114-20.

[6] Ibid.

[7] Ibid.

[8] Ibid.

[9] Pietsch, Johannes, "The Burial Clothes of Margaretha Franziska de Lobkowitz 1617," *Costume*, vol. 42, 2008, pp. 30-49.

[10] Cunnington, C. Willett, and Cunnington, Phyllis, *Handbook of English Costume in the Seventeenth Century*, London: Faber & Faber (proof copy), p. 97.

[11] Waugh, Norah, *The Cut of Women's Clothes: 1600-1930*, London: Faber & Faber, 2011 (1968) p. 45.

[12] Eubank, Keith, and Tortora, Phyllis G., *Survey of Historic Costume*, New York: Fairchild, 2010, p. 261.

[13] Mikhaila, Ninya, and Malcolm-Davies, Jane, *The Tudor Tailor: Reconstructing 16th-Century Dress*, London: Batsford, 2006, p. 18

[14] Eubank. Keith, and Tortora, Phyllis G., *Survey of Historic Costume*, New York: Fairchild, 2010, p. 241.

[15] Powys, Marian, *Lace and Lace Making*, New York: Dover, 2002, p. 5.

[16] Rothstein, Natalie, *Four Hundred Years of Fashion*, London: V&A Publications, 1984, p. 18.

[17] De La Haye, Amy, and Wilson, Elizabeth, *Defining Dress: Dress as Meaning, Object and Identity*, Manchester: Manchester University Press, 1999, p. 97.

[18] "Mantua [English]" (1991.6.1a,b), in *Heilbrunn Timeline of Art History*. New York: The Metropolitan Museum of Art, 2000-. http://www.metmuseum.org/toah/works-of-art/1991.6.1a,b (October 2006)

[19] Cunnington, C. Willett, and Cunnington, Phyllis, *Handbook of English Costume in the Seventeenth Century*, London: Faber & Faber (proof copy), p. 181.

[20] Cumming, Valerie, *A Visual History of Costume: The Seventeenth Century*, London: Batsford, 1984, pp. 102-22.

[21] Cavallo, Adolph S., "The Kimberley Gown," *The Metropolitan Museum Journal*, vol. 3, 1970, pp.202-05.

[22] Waugh, Norah, *The Cut of Women's Clothes: 1600-1930*, London: Faber & Faber, 2011 (1968) p. 111.

Chapter 3

[1] Ribeiro, Aileen, *Dress in Eighteenth-Century Europe, 1715-1789*, New Haven/ London: Yale University Press, 2002, p. 4.

[2] Fukai, Akiko, *Fashion: The Collection of the Kyoto Costume Institute: A History from the 18th to the 20th Century*, London: Taschen, p. 78.

[3] Nunn, Joan, *Fashion in Costume, 1200-2000*, Chicago: New Amsterdam Books, 2000 (1984), p. 93.

[4] Thornton, Peter, *Baroque and Rococo Silks*, London: Faber & Faber, 1965, p. 95.

[5] Anderson, Karen, Deese, Martha, and Tarapor, Mahrukh, "Recent Acquisitions: A Selection, 1990-1991," *The Metropolitan Museum of Art Bulletin*, vol. 9, no. 2, Autumn 1991, p. 54.

[6] Waugh, Norah, *The Cut of Women's Clothes, 1600-1930*, London: Faber & Faber, 2011 (1968), p. 68.

[7] Watt, James C.Y., and Wardwell, Anne E., *When Silk was Gold: Central Asian and Chinese Textiles*, New York: Metropolitan Museum of Art, 1997, p. 213.

[8] Powerhouse Museum item descriptions and provenance, registration number: H7981. http://from.ph/249639

[9] Schoeser, Mary, *Silk*, New Haven: Yale University Press, 2007, p. 248.

[10] Waugh, Norah, *The Cut of Women's Clothes, 1600-1930*, London: Faber & Faber, 2011 (1968), p. 76.

[11] Fukai, Akiko, *Fashion: The Collection of the Kyoto Costume Institute: A History from the 18th to the 20th Century*, London: Taschen, 2002, p. 78.

[12] Takeda, Sharon Sadako, *Fashioning Fashion: European Dress in Detail, 1700-1915*, Los Angeles: Los Angeles County Museum of Art, 2010, p. 78.

[13] Cavallo Adolph S., and Lawrence, Elizabeth N., "Sleuthing at the Seams", *The Costume Institute: The Metropolitan Museum of Art Bulletin*, vol. 30, no. 1, August/September 1971, p. 26.

[14] Ribeiro, Aileen, *A Visual History of Costume: The Eighteenth Century*, London: Batsford, 1983, pp.128-30.

[15] Fukai, Akiko, *Fashion: The Collection of the Kyoto Costume Institute: A History from the 18th to the 20th Century*, London: Taschen, p. 83.

[16] Lewandowski, Elizabeth J., *The Complete Costume Dictionary*, Plymouth: Scarecrow Press, 2011, p. 41.

[17] Naik, Shailaja D., and Wilson, Jacquie, *Surface Designing of Textile Fabrics*, New Delhi: New Age International Pvt Ltd Publishers, 2006, p. 8.

[18] Fukai, Akiko, *Fashion: The Collection of the Kyoto Costume Institute: A History from the 18th to the 20th Century*, London: Taschen 2002, p. 202.

[19] Lewandowski, Elizabeth J., *The Complete Costume Dictionary*, Plymouth: Scarecrow Press, 2011, p. 253.

Chapter 4

[1] Le Bourhis, Katell (ed.), *The Age of Napoleon: Costume from Revolution to Empire, 1789-1815*, New York: The Metropolitan Museum of Art/Harry N. Abrams, 1989, p. 95.

[2] "Miscellany, Original and Select," *Hobart Town Gazette* (Tas.: 1825-27), April 5, 1826: 4. Web. April 16, 2015. http://nla.gov.au/nla.news-article8791181

[3] Curtis, Oswald, and Norris, Herbert, *Nineteenth-Century Costume and Fashion, Vol. 6*, New York: Dover, 1998 (1933), p. 188.

[4] Austen, Jane, *Northanger Abbey*, 1818, Cambridge: Cambridge University Press, 2013, p. 22.

[5] Brooke, Iris, and Laver, James, *English Costume from the Seventeenth through the Nineteenth Centuries*, New York: Dover, 2000, p. 178.

[6] McCord Museum item catalogue and provenance, M982.20.1.

[7] Ibid.

[8] Cumming, Valerie, Cumming, C.W., and Cunnington, P.E., *The Dictionary of Fashion History*, Oxford: Berg, 2010, p. 97.

[9] Starobinski, Jean, *Revolution in Fashion: European Clothing, 1715-1815*, New York: Abbeville Press, 1989, p. 151.

[10] McCord Museum item catalogue and provenance, M990.96.1.

[11] Yarwood, Doreen, *Illustrated Encyclopedia of World Costume*, New York: Dover, 1978, p. 268.

[12] Nunn, Joan, *Fashion in Costume: 1200-2000*, Chicago: New Amsterdam Books, 2000, p. 121.

[13] McCord Museum item catalogue and provenance, M982.20.1.

[14] Steele, Valerie, *Encyclopedia of Clothing and Fashion*, New York: Charles Scribner's Sons, 2005, p. 392.

[15] Bradfield, Nancy, *Costume in Detail: 1730-1930*, Hawkhurst: Eric Dobby, 2007 (1968), pp. 121-35.

[16] Cumming, Valerie, Cunnington, C.W., and Cunnington, P.E., *The Dictionary of Fashion History*, Oxford: Berg, 2010 (1960), p. 279.

[17] Cumming, Valerie, *Exploring Costume History: 1500-1900*, London: Batsford, 1981, p. 67.

[18] Powerhouse Museum item catalogue and provenance, 87/533.

[19] Byrde, Penelope, *Nineteenth Century Fashion*, London: Batsford, 1992, p. 48.

[20] *La Belle Assemblée, or, Bell's Court and Fashionable Magazine-A Facsimile*, London: Whitaker, Treacher and Co., 1831, p.187.

[21] Waugh, Norah, *The Cut of Women's Clothes: 1600-1930*, London: Faber & Faber, 2011 (1968), p. 149.

[22] Powerhouse Museum item catalogue and provenance, A10017.

Chapter 5

[1] Raverat, Gwen, *Period Piece: A Victorian Childhood*, London: Faber & Faber, 1960, p. 260.

[2] *The Workwoman's Guide by a Lady*, London: Simkin, Marshall and Co., 1840, pp. 108-112.

[3] Ibid.

[4] *A Hand-Book of Etiquette for Ladies, by an American Lady*, New York: Leavitt and Allen, 1847.

[5] Waugh, Norah, *Corsets and Crinolines*, London: Routledge, 2015 (1954), p. 79.

[6] Bloomer, Amelia, in *The Lily*, March 1850, p. 21, quoted in Solomon, W.S., and McChesney, R.W., *Ruthless Criticsm: New Perspectives in U.S. Communication History*, Minneapolis: University of Minnesota Press, p. 74.

[7] Dickens, Charles, *The Mystery of Edwin Drood*, London: Chapman & Hall, 1870, p. 177.

[8] "The Dressing Room," *Godey's Lady's Book*, 1851.

[9] Miller, Brandon Marie, *Dressed for the Occasion: What Americans Wore*, Minneapolis, MN: Lerner Publications, 1999, pp. 36-38.

[10] Waugh, Norah, *Corsets and Crinolines*, London: Routledge, 2015 (1954), p. 93.

[11] McCord Museum item description and provenance, M976.2.3.

[12] Bradfield, Nancy, *Costume in Detail: 1730-1930*, Hawkhurst: Eric Dobby, 1968 (2007), p. 141.

[13] *A Sense of Style: Shippensburg University Fashion Archives & Museum Newsletter*, no. 49, Spring 2013, pp. 4-6.

[14] *The Workwoman's Guide by a Lady*, London: Simkin, Marshall and Co., 1840, pp. 108-112.

[15] Watts, D.C., *Dictionary of Plant Lore*, Atlanta, GA: Elsevier, 2007, p. 2.

[16] *The New Monthly Belle Assemblée: A Magazine of Literature and Fashion*, January to June 1853, London: Rogerson & Tuxford, p. 334.

[17] Reeder, Jan Glier, *High Style: Masterworks from the Brooklyn Museum Costume Collection at The Metropolitan Museum of Art*, New York: The Metropolitan Museum of Art, 2010, p. 22.

[18] Foster, Vanda, and Walkley, Christina, *Crinolines and Crimping Irons: Victorian Clothes: How They Were Cleaned and Cared For*, London: Peter Owen Publishers, 1978, p. 19.

[19] Yarwood, Doreen, *Outline of English Costume*, London: Batsford, 1967, p. 31.

[20] Museum catalogue item and provenance, Swan Guildford Historical Society.

[21] Waugh, Norah, *The Cut of Women's Clothes, 1600-1930*, New York: Routledge, 2011 (1968), p. 139.

[22] Powerhouse Museum item catalogue and provenance, A9659.

[23] Ibid.

[24] *Marysville Daily Appeal*, no. 135, December 5, 1869, p. 1.

[25] McCord Museum item catalogue and provenance, M969.1.11.1-4.

[26] Condra, Jill, and Stamper, Anita A., *Clothing through American History: The Civil War through the Gilded Age, 1861-1899*, Santa Barbara: Greenwood, 2011, p. 96.

[27] Waugh, Norah, *The Cut of Women's Clothes: 1600-1930*, New York: Routledge, 1968 (2011), p. 149.

[28] Item catalogue and provenance, Swan Guildford Historical Society.

Chapter 6

[1] Brevik-Zender, Heidi, *Fashioning Spaces: Mode and Modernity in Late-Nineteenth Century Paris*, Toronto: University of Toronto Press, p. 10.

[2] "The Ladies Column," Alexandra and Yea Standard, Gobur, Thornton and Acheron Express (Vic.: 1877-1908), August 5, 1887: 5. Web. December 3, 2015. http://nla.gov.au/nla.news-article57170466

[3] Haweis, Mary, *The Art of Beauty*, New York: Garland Publishing, 1883 (1978), p.120.

[4] "Letters to the Editor: Various Subjects Discussed: A Lady's Views on Fashionable Costume," *New York Times*, August 8, 1877.

[5] Waugh, Norah, *Corsets and Crinolines*, Oxford; Routledge, 2015, p. 83.

[6] Author unnamed, "Bustles," *The Evening World* (New York), December 26, 1888, p.2. www.loc.gov.

[7] Author unnamed, "The Fashions," *The New York Tribune*, June 20, 1871, quoted in the *Sacramento Daily Union*, June 28, 1871 (California Digital Newspaper Collection, Center for Bibliographic Studies and Research, University of California, Riverside, http://cdnc.ucr.edu).

[8] Author unnamed, "New York Fashions," *Sacramento Daily Union*, March 13, 1872 (California Digital Newspaper Collection, Center for Bibliographic Studies and Research, University of California, Riverside, http://cdnc.ucr.edu).

[9] McCord Museum item catalogue and provenance, M971.105.6.1-3.

[10] Powerhouse Museum item catalogue and provenance, A8437.

[11] Author unnamed, "Fashion Notes," *Otago Witness*, Issue 1296, September 1876, p. 19. National Library of New Zealand, viewed August 26, 2014. http://paperspast.natlib.govt.nz/.

[12] Powerhouse Museum item catalogue and provenance, A8437

[13] Sherrow, Victoria, *Encyclopedia of Hair: A Cultural History*, London: Greenwood Press, 2006, p. 387

[14] "The Ladies," *The Sydney Mail and New South Wales Advertiser* (NSW: 1871-1912), January 24, 1880: 156. Web. June 7, 2015. http://nla.gov.au/nla.news-article161877917

[15] Amneus, Cynthia, *A Separate Sphere: Dressmakers in Cincinnati's Golden Age, 1877-1922*, Costume Society of America Series, Cincinnati Art Museum/Texas Tech University Press, 2003, pp. 86-102.

[16] Cumming, Valerie, Cunnington, C.W., and Cunningham, P.E, *The Dictionary of Fashion History*, Oxford: Berg, 2010, p. 11.

[17] "Paris Fall and Winter Fashions," *Sacramento Daily Union*, October 26, 1878, vol. 7, no. 211 (California Digital Newspaper Collection, Center for Bibliographic Studies and Research, University of California, Riverside, http://cdnc.ucr.edu).

[18] *The Queen*, 1883, quoted in Buck, Anne, *Victorian Costume and Costume Accessories*, London: Herbert Jenkins, 1961, p. 72.

[19] Haweis, Mary, *The Art of Beauty*, 1883, New York: Garland Publishing, 1978, p. 120.

[20] Powerhouse Museum item catalogue and provenance, A8070.

[21] Ibid.

[22] Maynard, Margaret, *Fashioned from Penury: Dress as Cultural Practice in Colonial Australia*, Cambridge: Cambridge University Press, 1994, p. 127.

[23] "Ladies' Page," *Australian Town and Country Journal* (Sydney, NSW: 1870-1907), November 4, 1882: 28. Web. June 7, 2015. http://nla.gov.au/nla.news-article70992507

[24] "Ladies Column," *South Australian Weekly Chronicle* (Adelaide, SA: 1881-89), March 1, 1884: 15. Web. December 16, 2015 .http://nla.gov.au/nla.news-article93151399

[25] "Feminine Fashions and Fancies," *The South Australian Advertiser* (Adelaide, SA : 1858-89), July 23, 1883: 10 Supplement: Unknown. Web. December 16, 2015. http://nla.gov.au/nla.news-article33766418

[26] "The Ungraceful, Wobbling Hoops Again," *The Courier-Journal* (Louisville, Kentucky), July 5, 1885, p. 14.

[27] "The Ladies," *The Sydney Mail and New South Wales Advertiser* (NSW: 1871-12), January 15, 1881: 90. Web. December 17, 2015. http://nla.gov.au/nla.news-article161883913

[28] "The Fashions," *Daily Alta California*, April 3, 1887 (California Digital Newspaper Collection, Center for Bibliographic Studies and Research, University of California, Riverside, http://cdnc.ucr.edu).

[29] *Demorest*, New York, 1887 April pp. 374-377.

[30] Bloomingdale Brothers, *Bloomingdale's Illustrated 1886 Catalogue: Fashions, Dry Goods and Housewares*, New York: Dover Publications, 1988, pp. 51-56.

Chapter 7

[1] Condra, Jill (ed.), *The Greenwood Encyclopedia of Clothing through World History, Vol. 3: 1801 to the Present*, Westport: Greenwood, 2008, p. 75.

[2] *Birmingham Daily Post*, 1899, University of Bristol Theatre Collection: HBT/TB/000022.

[3] Nunn, Joan, *Fashion in Costume, 1200-2000*, Chicago: New Amsterdam Books, p. 185.

[4] "By Gladys: Boudoir Gossip on Frocks AND Fashions," *Observer*, vol. XI, no. 756, June 24,1893, p. 14, National Library of New Zealand, viewed December 15, 2015, http://paperspast.natlib.govt.nz/

[5] "Traveling Gowns and Notions," *The New York Times*, April 16, 1893.

[6] Object provenance catalogue, Swan Guildford Historical Society, WA.

[7] Ibid.

[8] "Spring Novelties," *Australian Town and Country Journal* (Sydney, NSW: 1870-1907), August 15, 1896: 34. Web. December 16, 2015. http://nla.gov.au/nla.news-article 71297069

[9] " World of Fashion," *Bairnsdale Advertiser and Tambo and Omeo Chronicle* (Vic.: 1882-1918), January 12, 1895: 2 Edition: morning., Supplement: Supplement to the Bairnsdale Advertiser. Web. December 16, 2015. http://nla.gov.au/nla.news-article86387500

[10] "Paris Gowns and Capes," *The New York Times*, March 26, 1893, p. 16.

[11] Takeda, Sharon Sadako, *Fashioning Fashion: European Dress in Detail, 1700-1915*, Los Angeles: Los Angeles County Museum of Art, 2010, p. 113.

[12] "Our English Letter," *The Queenslander* (Brisbane, Qld : 1866-1939), December 7, 1901: 1095. Web. June 22, 2015. http://nla .gov.au/nla.news-article21269013

[13] Australian Dress Register: Wedding Dress of Mrs. Rebecca Irvine, 1905, Manning Valley Historical Society, ID: 415.

[14] Ibid.

[15] Nunn, Joan, *Fashion in Costume: 1200-2000*, Chicago: New Amsterdam Books, 2000, p. 184.

[16] McCord Museum item catalogue and provenance, M984.150.34.1-2.

[17] Adam, Robert, *Classical Architecture: A Complete Handbook*, New York: Harry Abrams, 1991, p. 280.

[18] Australian Dress Register: Hilda Smith's black silk satin and lace dress, 1908-1912, Griffith Pioneer Park Museum, ID: 232.

[19] "The Importance of a Sash," *The Brisbane Courier* (QLD: 1864-1933), December 27, 1911: 15 Supplement: Courier Home Circle. Web. September 3, 2015. http://nla.gov.au/nla.news-article19743295

[20] Powerhouse Museum item catalogue and provenance, 86/610.

[21] *Delineator*, New York, November 1908, p. 670.

[22] Powerhouse Museum item catalogue and provenance, 86/610.

[23] "Fashion Notes," *Examiner* (Launceston, Tas.: 1900-54), September 9, 1911: 2 Edition: DAILY. Web. December 16, 2015. http://nla.gov.au/nla.news-article50492419

[24] "A Lady's Letter from London," *The Sydney Mail*, September 3, 1898, p. 12.

[25] "Ladies' Column," *Bendigo Advertiser* (Vic.: 1855-1918), May 20, 1899: 7. Web. December 16, 2015. http://nla.gov.au/nla. news-article89820861

[26] 1900 "Dress and Fashion," *The Queenslander* (Brisbane, Qld.: 1866-1939), 7 April 7, p. 654, Supplement: The Queenslander, viewed September 2, 2014. http://nla.gov.au/nla.news-article18544394.

[27] "The Autumn Girl and Her Autumn Coat," *The Chicago Tribune*, August 26, 1900, p. 55.

[28] McCord Museum item catalogue and provenance, M976.35.2.1-2.

[29] *Delineator*, New York, September 1911, pp. 160-169.

[30] McCord Museum item catalogue and provenance, M976.35.2.1-2.

[31] Ibid.

[32] De La Haye, Amy, and Mendes, Valerie, *Fashion Since 1900*, London: Thames & Hudson, 2010, p. 20.

[33] "Age of Sloppy Dress," *Maryborough Chronicle, Wide Bay and Burnett Advertiser* (Qld.: 1860-1947), May 12, 1914: 5. Web. December 16, 2015. http://nla.gov.au/nla. news-article150875205

[34] McCord Museum item catalogue and provenance, M983.130.3.1-3.

[35] Ibid.

[36] Ibid.

Chapter 8

[1] "The New Costume: Eking out the Paris Cloth Ration-From Our Own Correspondent," The Daily Mail, August 18, 1917, from the Digital Archive: Gale-Cengage Learning, The Daily Mail, 2015.
[2] "Fashion: Dressing on a War Income," *Vogue*, vol. 51, no. 5, March 1, 1918, pp. 54, 55, and 126.

[3] Waugh, Evelyn, *Brideshead Revisited: The Sacred and Profane Memories of Captain Charles Ryder*, London: Penguin, 1945 (1982) p. 172.

[4] Roe, Dorothy, "The Picture Frock is Back Again," *Milwaukee Sentinel*, October 14, 1934, p. 8.

[5] de Montebello, Philippe, "Foreword," in Koda, Harold, and Bolton, Andrew, *Chanel: The Metropolitan Museum of Art*, New Haven: Yale University Press, 2005, p. 12.

[6] Lowe, Corrine, "Fashion's Blue Book," *The Chicago Daily Tribune*, May 21, 1918, p. 14.

[7] Donnelly, Antoinette, "Short Skirts or Long-Heels Must Be Invulnerable," *The Chicago Sunday Tribune*, October 16, 1918, p. 2.

[8] Tortora, Phyllis G., *Dress, Fashion and Technology: From Prehistory to the Present*, London: Bloomsbury, 2015, p. 136.

[9] Koda, Harold, *Goddess: The Classical Mode*, New York: The Metropolitan Museum of Art, 2003, p. 219.

[10] "Mariano Fortuny: Evening Ensemble (1979.344.11a,b)," in Heilbrunn, *Timeline of Art History*, New York: The Metropolitan Museum of Art, 2000-. http://www.metmuseum.org/toah/works-of-art/1979.344.11a,b (December 2013)

[11] Item catalogue and provenance, North Carolina Museum of History, H.1978.17.1.

[12] "A Frock For Seven Shillings." *Sydney Mail* (NSW: 1912-38), November 2, 1921: 22. Web. December 17, 2015. http://nla.gov.au/nla.news-article162034166

[13] Item catalogue and provenance, Swan Guildford Historical Society, WA.

[14] Wells, Margery, "Gay Embroideries Sound the Season's High Note," *The Evening World*, September 25, 1923.

[15] "For Australian Women," *Table Talk* (Melbourne, Vic.: 1885-1939) July 20, 1922: 4. Web. December 7, 2015. http://nla.gov.au/nla.news-article147420574

[16] Dr. Jasmine Day, Curtin University, December 2015.

[17] Powerhouse Museum item catalogue and provenance, 2008/8/1.

[18] "Dress Decorations," *The Queenslander* (Brisbane, Qld.: 1866-1939), November 28, 1929: 52. Web. December 17, 2015. http://nla.gov.au/nla.news-article2292174.

[19] "The Vogue for Beige," *Sunday Times* (Perth, WA: 1902-54), November 10, 1929: 39 Section: First Section. Web. December 17, 2015. http://nla.gov.au/nla.news-article58366337

[20] Item catalogue and provenance, Swan Guildford Historical Society, WA.

[21] "Dress Hints," *Albury Banner and Wodonga Express* (NSW: 1896-1938), February 15, 1924: 15. Web. December 17, 2015. http://nla.gov.au/nla.news-article101523864

[22] "The Uncertain Waist-Line," *Queensland Figaro* (Brisbane, Qld.: 1901-36), January 19, 1929: 6. Web. December 17, 2015. http://nla.gov.au/nla.news-article84904764

[23] "Paris Tells Its Beads," *Truth* (Brisbane, Qld.: 1900-54), February 5, 1928: 18. Web. 17 December 17, 2015. http://nla.gov.au/nla.news-article206147705>

[24] "Evening Modes," *Sunday Times* (Perth, WA: 1902-54), 6 November 6, 1927: 36. Web. December 17, 2015. *http://nla.gov.au/nla.news-article60300520*

Chapter 9

[1] "Feminine Garb more Romantic and Expensive: Luxury New Keynote of Fashion," *Chicago Sunday Tribune*, August 17, 1930, p. 17.

[2] Polan, Brenda, and Tredre, Roger, *The Great Fashion Designers*, Oxford: Berg, 2009, p. 59.

[3] "Daily Mail Atlantic Edition," July 22, 1931, "Spruce Up! Is Dame Fashion's Warning," from the Digital Archive: Gale-Cengage Learning, The Daily Mail, 2015.

[4] De la Haye, Amy, *The Cutting Edge: 50 Years of British Fashion, 1947-1997*, London: V&A Publications, 1996, p. 16.

[5] Anderson, David, "British to Add Cut in Living Standard; Dalton Says It Will Take More Than Year to Reach Strict War Economy Level," *The New York Times*, March 4, 1942.

[6] McEuen, Melissa, *Making War, Making Women: Femininity and Duty on the American Home Front, 1941-1945*, Athens: University of Georgia Press, 2010, p. 138.

[7] Bedwell, Bettina, "Saving Clothes Is Fashionable in England: Ration System Abroad Makes It Imperative," *Chicago Sunday Tribune*, October 11, 1942.

[8] Drew, Ruth, "The Housewife in War Time." *Listener* [London, England], March 11, 1943: 314. *The Listener Historical Archive 1929-1991*. Web. May 26, 2014.

[9] Chase, Joanna, *Sew and Save*, Glasgow: The Literary Press, 1941-HarperPress, 2009, pp. 1-2.

[10] "Winter Evening Wear." *Barrier Miner* (Broken Hill, NSW: 1888-1954), June 4, 1936: 5. Web. December 17, 2015. http://nla.gov.au/nla.news-article47910634

[11] "Black Velvet Gown," *The Times and Northern Advertiser*, Peterborough, South Australia (SA : 1919 - 1950) 30 Jan 1931: 4. Web. 17 Dec 2015 *http://nla.gov.au/nla.news-article110541726*

[12] Pick, Michael, *Be Dazzled!: Norman Hartnell: Sixty Years of Glamour and Fashion*, New York: Pointed Leaf Press, 2007, p. 49.

[13] Delafield, E.M., *The Diary of a Provincial Lady* (eBook), e-artnow, 2015.

[14] "Evening Glory," *The Inverell Times* (NSW: 1899-1954) May 2, 1938: 6. Web. December 17, 2015. http://nla.gov.au/nla .news-article185833902

[15] "Novelties in Designs for Evening Dress," *The Courier-Mail* (Brisbane, Qld.: 1933-54), December 31, 1945: 5. Web. December 3, 2015. http://nla.gov.au/nla. news-article50255268>

[16] Leshner, Leigh, *Vintage Jewelry 1920-1940s: An Identification and Price Guide*, Iola, WI: Krause Publications, p. 10.

[17] "Greek Influence," *Daily Mercury* (MacKay, Qld.: 1906-54), 5 March 5, 1945: p. 6. Web. 2November 29, 2015. http://nla.gov.au/nla.news-article170980779

[18] Item catalogue and provenance, Swan Guildford, Historical Society, WA.

[19] "The Daily Mail," February 6, 1941, "Forget War Modes," from the Digital Archive: Gale-Cengage Learning, The Daily Mail, 2015.

[20] *The British Colour Council Dictionary of Colour Standards: A List of Colour Names Referring to the Colours Shown in the Companion Volume*, London: The British Colour Council, 1934.

[21] "The Housewife in War Time," March 11, 1943, "The Listener," from the Digital Archive: Gale-Cengage Learning, The Listener, 2015.

Chapter 10

[1] Pochna, Marie France, *Christian Dior: The Man Who Made the World Look New*, New York: Arcade Publishing, 1994, p.178.

[2] "Woman's World," *Alexandra Herald and Central Otago Gazette*, November 19, 1947, p. 3.

[3] Christian Dior, *Christian Dior: The Autobiography*, London: Weidenfeld and Nicolson, 1957, p. 41.

[4] Ibid.

[5] *The Sunday Times* (April 6, 1952), "Transatlantic Fashion Trend," from the Digital Archive: Gale-Cengage Learning, The Sunday Times, 2015.

[6] "Women's Suits for Easter in Wide Choice of Colours," March 17, 1948, *The Bend Bulletin*, Oregon, Bend, p. 14.

[7] Nunn, Joan, *Fashion in Costume, 1200-2000*, Chicago: New Amsterdam Books, 2000, p. 226.

[8] Amies, Hardy, *Just So Far*, London: Collins, 1954, p. 88.

[9] "Woman's World," *The Mail* (Adelaide, SA: 1912-54), January 9, 1943: 10. Web. 17 December 17, 2015. http://nla.gov.au/nla. news-article55869851

[10] Powerhouse Museum item catalogue and provenance, 2003/59/1.

[11] "Wedding Bells," *The Central Queensland Herald* (Rockhampton, Qld.: 1930-56), June 25, 1953: 29. Web. December 17, 2015. http://nla.gov.au/nla. news-article77228054

[12] English, Bonnie, and Pomazan, Liliana, *Australian Fashion Unstitched: The Last 60 Years*, New York: Cambridge University Press, 2010, p. 50.

[13] Powerhouse Museum item catalogue and provenance, 2003/59/1.

[14] Catalogue, Fashion Archives and Museum, Shippensburg University, Pittsburgh: #S1984-48-012 Lineweaver.

[15] "New Patterns Feature Classic and High Style," *The Spokesman-Review*, October 1, 1953, p. 5.

[16] Hampton, Mary, "Coat Dress Is Alternate for Suit, Materials, Styles Vary," *The Fresno Bee/The Republican* (Fresno, California), March 27, 1952, p. 28.

[17] *The Sydney Morning Herald*, July 20, 1952, p. 8.

[18] "Chasnoff pre-Thanksgiving Clearance: Dresses," *The Kansas City Times* (Kansas, Missouri), November 21, 1952, p. 13.

[19] Mitchell, Louise, and Ward, Lindie, *Stepping Out: Three Centuries of Shoes*, Sydney: Powerhouse, 1997, p. 56.

[20] Item catalogue and provenance, Swan Guildford Historical Society, WA.

[21] "Spring Issues a Call to Colors-and a Pretty Look!" *The Van Nuys News* (Van Nuys, California), March 17, 1952, p. 24.

[22] "They Won't Be Crushed," *The West Australian* (Perth, WA: 1879-1954), November 8, 1951: 9. Web. December 17, 2015. http://nla.gov.au/nla.news-article48998780

[23] "Dress Sense," *The Australian Women's Weekly* (1933-82), November 17, 1954: 43. Web. December 17, 2015 .http://nla.gov.au/nla.news-article41491009

[24] Powerhouse Museum item catalogue and provenance, 89/250.

[25] Ibid.

[26] "Fine Wools Featured for Summer Wear in Paris and London," *The Mercury* (Hobart, Tas.: 1860-1954), June 20, 1950: 14. Web. December 17, 2015. http://nla.gov.au/nla.news-article26710285

Chapter 11

[1] Lester, Richard, and Owen, Alun, *A Hard Day's Night*, United Artists, 1964.

[2] Cochrane, Lauren, *Fifty Fashion Designers That Changed the World*, London: Conran Octopus: 2015, p. 34.

[3] English, Bonnie, *A Cultural History of Fashion in the 20th and 21st Centuries: From Catwalk to Sidewalk*, London: Bloomsbury, 2013, p. 2.

[4] *The Daily Mail* (Friday October 28, 1960), "Unstoppable . . . This March of Women in Trousers," from the Digital Archive: Gale-Cengage Learning, Illustrated London News, 2015.

[5] *A Sense of Style: Shippensburg University Fashion Archives & Museum Newsletter*, no. 51, Spring 2015, p. 8.

[6] "Women's Club Tea Spiced With Talk By Local Fashion Adviser," *The Daily Mail* (Hagerstown, Maryland), April 14, 1966, p. 8.

[7] Miller, Mary Sue, "Strapless Gowns Must Fit Nicely," *Denton Record-Chronicle* (Denton, Texas), November 22, 1965, p. 5.

[8] Miller, Mary Sue, "The Now Dress Is the Softest," *The Daily Journal* (Fergys Falls, Minnesota), February 18, 1968, p. 6.

[9] "Total Look in Fashions Is Varied," *Statesville Record and Landmark* (Statesville, North Carolina), 28 July 28, 1969, p. 3.

[10] Pitkin, Melanie (Assistant Curator), "Design & Society," Powerhouse Museum, Statement of Significance: 89/250.

[11] Ibid.

[12] Item catalogue and provenance, Swan Guildford Historical Society, WA.

[13] Ibid.

[14] "Paris Says . . . Look Ultra-Feminine This Spring Season," *The Australian Women's Weekly* (1933-82), September 1, 1965: 21. Web. December 17, 2015. http://nla.gov.au/nla.news-article46239642

[15] Wilson Trower, Valerie, "Cheongsam: Chinese One-Piece Dress," *Berg Encyclopedia of World Dress and Fashion, Vol. 6: East Asia, http://dx.doi.org/10.2752/BEWDF/EDch6023.*

[16] Condra, Jill (ed.), *Encyclopedia of National Dress: Traditional Clothing Around the World: Vol. I*, Santa Barbara: ABC-CLIO, 2013, p. 571.

[17] Item catalogue and provenance, Fashion Archives and Museum, Shippensburg University, #S1979-01-002.

[18] "Fashion Tips," *The Indiana Gazette* (Indiana, Pennsylvania), September 7, 1966, p. 8.

[19] Item catalogue and provenance, Swan Guildford Historical Society, WA.

[20] "Dress Sense," *The Australian Women's Weekly* (1933-82), November 26, 1969: 68. Web. December 17, 2015. *http://nla.gov.au/nla.news-article44027834*

[21] Item catalogue and provenance, Fashion Archives and Museum, Shippensburg University: #S1981-45-001.

[22] Smith, Kelly, "Spring Fashion Is a 1920's Flapper," *Standard-Speaker* (Hazleton, Pennsylvania), January 14, 1966, p. 15.

参考文献

Adam, Robert, *Classical Architecture: A Complete Handbook*, New York: Harry Abrams, 1991.

Amies, Hardy, *Just So Far*, London: Collins, 1954.

Amneus, Cynthia, *A Separate Sphere: Dressmakers in Cincinnati's Golden Age, 1877-1922*, Costume Society of America Series, Cincinnati Art Museum/ Texas Tech University Press, 2003.

Anderson, Karen, Deese, Martha, and Tarapor, Mahrukh, "Recent Acquisitions: A Selection, 1990-1991," *The Metropolitan Museum of Art Bulletin*, vol. 9, no. 2, Autumn 1991.

Arnold, Janet, *Patterns of Fashion: 1660-1860: Vol. 1, Englishwomen's Dresses and Their Construction*, London: Macmillan, 1985.

Arnold, Janet, *Patterns of Fashion: 1860-1930: Vol. 2, Englishwomen's Dresses and Their Construction*, London: Macmillan, 1985.

Arnold, Janet, *Patterns of Fashion: 1560-1620: Vol. 3, The Cut and Construction of Clothes for Men and Women*, London: Macmillan, 1985.

Ashelford, Jane, *A Visual History of Costume: The Sixteenth Century*, New York: Drama Book Publishers, 1983.

Austen, Jane, *Northanger Abbey*, 1818, Cambridge: Cambridge University Press, 2013.

Aughterson, Kate, *The English Renaissance: An Anthology of Sources and Documents*, London: Routledge, 1998, pp.164-67.

Bell, Quentin, *On Human Finery*, Berlin: Schocken Books, 1978.

La Belle Assemblée, or, Bell's Court and Fashionable Magazine-A Facsimile, London: Whitaker, Treacher and Co., 1831.

Bloomingdale Brothers, *Bloomingdale's Illustrated 1886 Catalogue: Fashions, Dry Goods and Housewares*, New York: Dover Publications, 1988.

Boucher, François, and Deslandres, Yvonne, *A History of Costume in the West*, London: Thames & Hudson, 1987.

Bradfield, Nancy, *Costume in Detail: 1730-1930*, Hawkhurst: Eric Dobby, 2007 (1968).

Brevik-Zender, Heidi, *Fashioning Spaces: Mode and Modernity in Late-Nineteenth Century Paris*, Toronto: University of Toronto Press.

Brooke, Iris, *English Costume of the Seventeenth Century*, London: Adam & Charles Black, 1964.

Byrde, Penelope, *Nineteenth Century Fashion*, London: Batsford, 1992.

Byrde, Penelope, *Jane Austen Fashion: Fashion and Needlework in the Works of Jane Austen*, Los Angeles: Moonrise Press, 2008.

Cavallo, Adolph S., "The Kimberley Gown," *Metropolitan Museum Journal*, vol. 3, 1970.

Chase, Joanna, *Sew and Save*, Glasgow: The Literary Press, 1941; HarperPress, 2009.

Cochrane, Lauren, *Fifty Fashion Designers That Changed the World*, London: Conran Octopus, 2015.

Conan Doyle, Arthur, *The Adventures of Sherlock Holmes: The Copper Beeches* (1892), in *The Original Illustrated Strand Sherlock Holmes*, Collingdale, PA: Diane Publishing, 1989.

Condra, Jill, *The Greenwood Encyclopedia of Clothing Through World History: 1501-1800*, Westport, CA: Greenwood Publishing Group, 2008.

Condra, Jill (ed.), *Encyclopedia of National Dress: Traditional Clothing Around the World: Vol. I*, Santa Barbara: ABC-CLIO, 2013.

Cotton, Charles, *Essays of Michel Seigneur de Montaigne: The First Volume* (facsimile), London: Daniel Brown, J. Nicholson, R. Wellington, B. Tooke, B. Barker, G. Straban, R. Smith, and G. Harris, 1711, p. 409.

Cumming, Valerie, *A Visual History of Costume: The Seventeenth Century*, London: Batsford, 1984.

Cumming, Valerie, Cunnington, Willett C., and Cunnington, P.E., *The Dictionary of Fashion History*, Oxford: Berg, 2010.

Cumming, Valerie, *Exploring Costume History: 1500-1900*, London: Batsford, 1981.

Cunnginton, Willett, C., *English Women's Clothing in the Nineteenth Century: A Comprehensive Guide with 1,117 Illustrations*, New York: Dover, 1990.

Cunnington, Phyllis, and Willett, C., *Handbook of English Costume in the Seventeenth Century*, London: Faber & Faber (proof copy).

Curtis, Oswald, and Norris, Herbert, *Nineteenth-Century Costume and Fashion, Vol. 6*, New York: Dover, 1998 (1933).

Davenport, Millia, *The Book of Costume: Vol. I*, New York: Crown Publishers, 1948.

Delafield, E.M., *The Diary of a Provincial Lady*, e-artnow, 2015 (e-Book).

De La Haye, Amy, and Mendes, Valerie, *Fashion Since 1900*, London: Thames & Hudson, 2010.

De La Haye, Amy, and Wilson, Elizabeth, *Defining Dress: Dress as Meaning, Object and Identity*, Manchester: Manchester University Press, 1999.

De Winkel, Marieke, *Fashion and Fancy: Dress and Meaning in Rembrandt's Paintings*, Amsterdam: Amsterdam University Press, 2006.

Druesedow, Jean L., "In Style: Celebrating Fifty Years of the Costume Institute," *The Metropolitan Museum of Art Bulletin*, vol. XLV, no. 2, 1987.

English, Bonnie, *A Cultural History of Fashion in the 20th and 21st Centuries: From Catwalk to Sidewalk*, London: Bloomsbury, 2013.

English, Bonnie, and Pomazan, Liliana, *Australian Fashion Unstitched: The Last 60 Years*, New York: Cambridge University Press, 2010.

Eubank, Keith, and Tortora, Phyllis G., *Survey of Historic Costume*, New York: Fairchild, 2010.

Fagan, Brian, *The Little Ice Age: How Climate Made History*, New York: Basic Books, 2000.

Fukai, Akiko, *Fashion: The Collection of the Kyoto Costume Institute: A History from the 18th to the 20th Century*, London: Taschen, 2002.

Geddes, Elizabeth, and McNeill, Moyra, *Blackwork Embroidery*, New York: Dover, 1976.

Green, Ruth M., *The Wearing of Costume: The Changing Techniques of Wearing Clothes and How to Move in Them, from Roman Britain to the Second World War*, London: Pitman, 1966.

Hart, Avril, and North, Susan, *Historical Fashion in Detail: The 17th and 18th Centuries*, London: V&A Publications, 1998.

Haweis, Mary, *The Art of Beauty*, New York: Garland Publishing, 1883 (1978).

Hill, John (ed.), *The Diary of Samuel Pepys*, 1666 (Project Gutenberg, e-book).

Koda, Harold, *Goddess: The Classical Mode*, New York: The Metropolitan Museum of Art, 2003.

Koda, Harold, and Bolton, Andrew, *Chanel: The Metropolitan Museum of Art*, New Haven: Yale University Press, 2005.

Köhler, Carl, *A History of Costume*, New York: Dover, 1963.

Landini, Roberta Orsi, and Niccoli, Bruna, *Moda a Firenze, 1540-1580: lo stile di Eleonora di Toledo e la sua influenza*, Oakville: David Brown Book Company, 2005, p. 21.

Latteier, Carolyn, *Breasts: The Women's Perspective on an American Obsession*, New York: Routledge, 2010.

Le Bourhis, Katell (ed.), *The Age of Napoleon: Costume from Revolution to Empire, 1789-1815*, New York: The Metropolitan Museum of Art/Harry N. Abrams, 1989.

Lee, Carol, *Ballet in Western Culture: A History of Its Origins and Evolution*, New York: Routledge, 2002.

Leshner, Leigh, *Vintage Jewelry 1920-1940s: An Identification and Price Guide: 1920-1940s*, Iola, WI: Krause Publications, 2002.

Leslie, Catherine Amoroso, *Needlework through History: An Encyclopedia*, Westport, CA: Greenwood Press, 2007.

Lewandowski, Elizabeth J., *The Complete Costume Dictionary*, Plymouth: Scarecrow Press, 2011

Luther Hillman, Betty, *Dressing for the Culture Wars: Style and the Politics of Self-Presentation in the 1960s and 1970s*, The Board of Regents of the University of Nebraska, 2015 (e-Book).

McEuen, Melissa, *Making War, Making Women: Femininity and Duty on the American Home Front, 1941-1945*, Athens: University of Georgia Press, 2010.

Mikhaila, Ninya, and Malcolm-Davies, Jane, *The Tudor Tailor: Reconstructing Sixteenth-Century Dress*, London: Batsford, 2006.

Mitchell, Louise, and Ward, Lindie, *Stepping Out: Three Centuries of Shoes*, Sydney: Powerhouse, 1997.

Naik, Shailaja D., and Wilson, Jacquie, *Surface Designing of Textile Fabrics*, New Delhi: New Age International Pvt Ltd Publishers, 2006.

The Needle's Excellency: A Travelling Exhibition by the Victoria & Albert Museum-Catalogue, London: Crown, 1973, p. 2.

The New Monthly Belle Assemblée: A magazine of literature and fashion, January to June 1853, London: Rogerson & Tuxford, 1853.

Nunn, Joan, *Fashion in Costume, 1200-2000*, Chicago: New Amsterdam Books, 2000.

Otavská, Vendulka, *Ke konzervování pohřebního roucha Markéty Františky Lobkowiczové*, Mikulov: Regionální muzeum v Mikulově, 2006, s. 114-120.

Peacock, John, *Fashion Sourcebooks: The 1940s*, London: Thames & Hudson, 1998.

Pepys, Samuel, and Wheatly, Benjamin (eds.), *The Diary of Samuel Pepys*, 1666, New York: George E. Croscup, 1895, p. 305.

Pick, Michael, *Be Dazzled!: Norman Hartnell: Sixty Years of Glamour and Fashion*, New York: Pointed Leaf Press, 2007.

Pietsch, Johannes, *The Burial Clothes of Margaretha Franziska de Lobkowitz 1617*, Costume 42, 2008, S. 30-49.

Polan, Brenda, and Tredre, Roger, *The Great Fashion Designers*, Oxford: Berg, 2009.

Powys, Marian, *Lace and Lace Making*, New York: Dover, 2002.

Randle Holme, *The Third Book of the Academy of Armory and Blazon*, c.1688, pp. 94-96.

Reeder, Jan Glier, *High Style: Masterworks from the Brooklyn Museum Costume Collection at The Metropolitan Museum of Art*, New York: The Metropolitan Museum of Art, 2010.

Ribeiro, Aileen, *A Visual History of Costume: The Eighteenth Century*, London: Batsford, 1983.

Ribeiro, Aileen, *Dress in Eighteenth-Century Europe, 1715-1789*, New Haven/London: Yale University Press, 2002.

Ribeiro, Aileen, *Dress and Morality*, Oxford: Berg, 2003. Rothstein, Natalie, *Four Hundred Years of Fashion*, London: V&A Publications, 1984.

Sherrow, Victoria, *Encyclopedia of Hair: A Cultural History*, London: Greenwood Press, 2006.

Steele, Valerie, *Encyclopedia of Clothing and Fashion*, New York: Charles Scribner's Sons, 2005.

Stevens, Rebecca A.T., and Wada, Iwamoto Yoshiko, *The Kimono Inspiration: Art and Art-to-Wear in America*, San Francisco: Pomegranate, 1996.

Stevenson, Burton Egbert, *The Macmillan Book of Proverbs, Maxims, and Famous Phrases*, New York: Macmillan, 1948.

Tarrant, Naomi, *The Development of Costume*, Edinburgh: Routledge/National Museums of Scotland, 1994.

Thornton, Peter, *Baroque and Rococo Silks*, London: Faber & Faber, 1965.

Tortora, Phyllis G., *Dress, Fashion and Technology: From Prehistory to the Present*, London: Bloomsbury, 2015.

Wace, A.J., *English Domestic Embroidery-Elizabeth to Anne*, Vol. 17 (1933) *The Bulletin of the Needle and Bobbin Club*.

Watt, James C.Y., and Wardwell, Anne E., *When Silk was Gold: Central Asian and Chinese Textiles*, New York: Metropolitan Museum of Art, 1997.

Watts, D.C., *Dictionary of Plant Lore*, Atlanta, GA: Elsevier, 2007.

Waugh, Evelyn, *Brideshead Revisited: The Sacred and Profane Memories of Captain Charles Ryder*, London: Penguin, 1982 (1945).

Waugh, Norah, *The Cut of Women's Clothes, 1600-1930*, London: Faber & Faber, 2011 (1968).

Waugh, Norah, *Corsets and Crinolines*, Oxford; Routledge, 2015.

The Workwoman's Guide by a Lady, London: Simkin, Marshall and Co., 1840.

Yarwood, Doreen, *English Costume from the Second Century B.C. to 1967*, London: Batsford, 1967.

Yarwood, Doreen, *European Costume: 4000 Years of Fashion*, Paris: Larousse, 1975.

Yarwood, Doreen, *Outline of English Costume*, London: Batsford, 1977.

Yarwood, Doreen, *Illustrated Encyclopedia of World Costume*, New York: Dover, 1978.

图片来源

A dress with a wide sailor collar, c.1917–18, author's family archive. p.134, top left

A fashionable ensemble in Cape Town, early 1930s, private collection, p.155, full

Agnolo Bronzino, *A Young Woman and Her Little Boy*, c.1540. Courtesy National Gallery of Art, Washington, D.C., p.6

Anthony van Dyck, *Lady with a Fan*, c.1628. Courtesy National Gallery of Art, Washington, D.C. p.37

Anthony van Dyck, Queen Henrietta Maria with Sir Jeffrey Hudson (detail), 1633. Courtesy National Gallery of Art, Washington, p.38

Anthony van Dyck, Queen Henrietta Maria with Sir Jeffrey Hudson (close-up detail), 1633. Courtesy National Gallery of Art, Washington, p.38, left

Antoine Trouvain, Seconde chambre des apartemens, c.1690–1708, J. Paul Getty Museum, Los Angeles, p.50, left

Appliquéd robe de style, c.1924, Vintage Textile, New Hampshire, p.142, top left

Aqua linen day dress, early 1940s, Swan Guildford Historical Society, Australia. Photo: Aaron Robotham, p.161

Aqua linen day dress, early 1940s (detail: buttonhole), Swan Guildford Historical Society, Australia. Photo: Aaron Robotham, p.161, left

Aqua linen day dress, early 1940s (detail: embroidery), Swan Guildford Historical Society, Australia. Photo: Aaron Robotham, p.161, right

A sleeveless day dress worn with brown fringed shawl in Wales, mid-1920s, author's family archive, p.146, right

Attic Geometric Lidded Pyxis, detail, Athens, Greece, courtesy Los Angeles County Museum of Art online Public Access, p.128, left

Auguste Renoir, Mademoiselle Sicot, 1865. Courtesy National Gallery of Art, Washington, D.C., p.89, right

Australian division uniform of the Women's Auxiliary Air Force (WAAF), 1943–45 (detail), Evans Head Living History Society, New South Wales, p.172, right

Black crêpe de chine day dress, c.1920–25, Photo: Aaron Robotham Guildford Historical Society, Australia, p.146

Black satin evening gown, c.1963–65, Fashion Archives and Museum, Shippensburg University, Pittsburgh, p.183

Black silk satin and lace dress, c.1908–12, Image Courtesy and Copyright of Griffith Pioneer Park Museum, Costume Collection. Photographer Gordon McCaw, p.129

Blouse and skirt: portrait by Mathew Brady, USA, c.1865, U.S. National Archives and Records Administration, p.81, right

Bone linen day dress, early 1940s, Swan Guildford Historical Society, Australia. Photo: Aaron Robotham, p.162

Brown silk moiré taffeta afternoon dress, c.1865. Collection: Powerhouse Museum, Sydney. Photo: Marinco Kojdanovski, p.89

Bustle, England, 1885, courtesy Los Angeles County Museum of Art online Public Access, p.97, top right

Cage crinolette petticoats, 1872–75, courtesy Los Angeles County Museum of Art online Public Access. p.97, top left

Cameo, 18th–19th centuries, J. Paul Getty Museum, Los Angeles, p.105, left

Capri pants worn in Rhodes, Greece, late 1950s, private collection, p.181

Caraco jacket, 1760–80, courtesy Los Angeles County Museum of Art online Public Access, p.48, left

Caspar Netscher, *The Card Party* (details), c.1665, Metropolitan Museum of Art, New York, p.40, right

Chantilly lace scarf, Belgium, 1870s to 1890s, courtesy Los Angeles County Museum of Art online Public Access, p.110, right

Christoffel van Sichem I, *Elizabeth, Queen of Great Britain*, 1570–80 (published 1601), National Gallery of Art, Washington D.C., p.26, full

Circle of Jacques-Louis David, *Portrait of a Young Woman in White*, c.1798, National Gallery of Art, Washington, D.C., p.69, right

Coat and mini dress by Andre Courr-èges, 1965, England. Collection: Powerhouse Museum, Sydney. Photo: Andrew Frolows, p.184

Corset, c.1900, courtesy Los Angeles County Museum of Art online Public Access, p.124, left

Cotton dress, c.1790s, Fashion Museum, Bath and North East Somerset Council/Gift of the Misses A. and M. Birch/Bridgeman Images, p.59

Cotton dress, c.1790s (detail: fabric), Fashion Museum, Bath and North East Somerset Council/Gift of the Misses A. and M. Birch/ Bridgeman Images, p.59, left

Cotton gown, 1797–1805, © Victoria and Albert Museum, London, p.68

Court Dress, Fashion plate, 1807, courtesy Los Angeles County Museum of Art online Public Access, p.65

Crispijn de Passe I, Queen of England, c.1588–1603. Courtesy National Gallery of Art, Washington, D.C., p.27

Daguerreotype, 1845, J. Paul Getty Museum, Los Angeles, p.85, left

Day dress (round gown), c.1785–90 (France or England), courtesy Los Angeles County Museum of Art online Public Access, p.61

Day dress (round gown), c.1785–90 (detail: sleeve), (France or England), courtesy Los Angeles County Museum of Art online Public Access, p.61, right

Day dress, c.1893–95, Swan Guildford Historical Society, Australia. Photo: Aaron Robotham, p.120

Day dress, c.1922–24, North Carolina Museum of History, Raleigh. Photo: Eric Blevins, p.147

Day dress, c.1922–24 (detail: embellishment), North Carolina Museum of History, Raleigh, p.147, right

Day dress, c.1954, Swan Guildford Historical Society, Australia. Photo: Aaron Robotham, p.176

Day or afternoon dress, c.1900, M22148.1-2, McCord Museum, Montreal, p.123

Day suit by Hardy Amies, c.1950, M967.25.22.1-2, McCord Museum, Montreal, p.172

Denis Barnham, Portrait of Kathleen Margaret Rudman, 1954, Borland Family Archive, p.177

Detail, robe à la française, 1760s, courtesy Los Angeles County Museum of Art online Public Access, p.87, right

Dinner/evening ensemble, c.1935, M991X.1.29.1-2, McCord Museum, Montreal, p.158

Dress, c.1836–1841, M976.2.3, McCord Museum, Montreal, p.84

Dress, c.1836–1841 (detail: embellishments), M976.2.3, McCord Museum, Montreal, p.84, left

Dress, c.1870–73, M971.105.6.1-3, Canada, McCord Museum, Montreal, p.101

Dress, 1897, courtesy Los Angeles County Museum of Art online Public Access, p.122

Dress, 1897 (detail: bodice front), courtesy Los Angeles County Museum of Art online Public Access, p.122, left

Dress, c.1918–19, Kent, England, author's family archive, p.139

Dress, late 1920s, Kästing family archive, p.150, left

Dress of black Chantilly lace and pink satin, c.1888, M20281.1-2, Canada, McCord Museum, Montreal, p.110 and p.111, full

Dress of light blue mousseline de laine, c.1854–55, M973.1.1.1-2, McCord Museum, Montreal, p.86

Dress with exchange sleeves c.1895–96. Collection: Powerhouse Museum, Sydney. Photo: Penelope Clay, p.121

Elisabeth Vigée Le Brun, Marie-Antoinette, after 1783, National Gallery of Art, Washington D.C., p.48, left

Empire-line maxi dresses from the early to mid 1970s, England, author's family archive, p.185, top right

Empire-line maxi dresses from the early to mid 1970s, England, author's family archive, p.185, bottom right

Evening coat of gray satin, Paris, c.1912, M21578, McCord Museum, Montreal, p.133

Evening dress, c.1815, M990.96.1, McCord Museum, Montreal, p.72 and p.17, full

Evening dress, 1868–69, M969.1.11.1-4, Paris, McCord Museum, Montreal, p.90

Evening dress, 1965–70, Swan Guildford Historical Society, Australia. Photo: Aaron Robotham, p.185

Evening dress, c.1873, M20277.1-2, Paris, McCord Museum, Montreal, p.102

Evening dress, 1910-12. Collection: Powerhouse Museum, Sydney. Photo: Jane Townsend, p.130

Evening dress, c.1923. Collection: Powerhouse Museum, Sydney. Photo: Sotha Bourn, p.148

Evening dress, c.1925–29, Paris. Swan Guildford Historical Society, Australia. Photo: Aaron Robotham, p.149

Evening dress, c.1925–29 (back view), Paris. Swan Guildford Historical Society, Australia. Photo: Aaron Robotham, p.149, right

Evening dress, c.1928, M20222, Paris, McCord Museum, Montreal, p.150 and p.151, full

Evening dress, c.1935–45. Collection: Powerhouse Museum, Sydney, p.159

Evening dress and jacket designed by Cristóbal Balenciaga, 1954, Paris. Collection: Powerhouse Museum Sydney. Photo: Sotha Bourn, p.177

Evening dress inspired by Poiret, Germany, c.1918–20, private collection, p.143, full

Follower of Titian, Emilia di Spilimbergo, c.1560. Courtesy National Gallery of Art, Washington D.C., p.24, right

For women still adjusting to postwar life, dress remained relatively conservative and feminine smartness was expected at all times. c. 1956, England, author's family archive, p.169

Frans Hals, *Portrait of a Woman*, c.1650, Metropolitan Museum of Art, New York, p.39, right

Frederick Randolph Spencer, *Portrait of Lady*, United States, 1835, courtesy Los Angeles County Museum of Art online Public Access, p.84, right

Frederic, Lord Leighton, Figure Studies, c.1870–90 (detail). Courtesy National Gallery of Art, Washington D.C., p.160, left

George Haugh, *The Countess of Effingham with Gun and Shooting Dogs*, 1787, Yale Center for British Art, Paul Mellon Collection, New Haven, Connecticut, p.131, left

George Healy, *Roxana Atwater Wentworth* (detail), USA, 1876. Courtesy National Gallery of Art, Washington, D.C., p.103, right

German family portrait, c.1915–16, Kästing family archive, p.134, bottom left

Gilbert Stuart, Mary Barry, c.1803–05. Courtesy National Gallery of Art, Washington D.C., p.68, right

"Going away" dress and jacket, 1966, Swan Guildford Historical Society, Australia. Photo: Aaron Robotham, p.186

Green faille dress, c.1952, Fashion Archives and Museum, Shippensburg University, Pittsburgh, p.174

Green silk dress, c.1845, Fashion Archives and Museum, Shippensburg University, Pittsburgh, p.85

Hats and mantles, fashion plate from "Le Bon Ton: Journal des Modes," Paris, 1837, author's collection, p.67

Hendrik Goltzius, Hieronymus Scholiers, c.1583. Courtesy National Gallery of Art, Washington D.C., p.26, right

Hendrik Goltzius, *Portrait of Lady Françoise van Egmond*, Holland, 1580, courtesy Los Angeles County Museum of Art online Public Access, p.26, right

Jacobs, William Leroy, Artist. *Woman in a Blue Dress*. [Between and 1917, 1870] Image. Retrieved from the Library of Congress, 2010716861 (Accessed May 07, 2016), p.144, left

Jacques Wilbaut, Presumed Portrait of the Duc de Choiseul and Two Companions (detail), c.1775, J. Paul Getty Museum, Los Angeles, p.76, left

James McNeill Whistler, *The Toilet*, 1878, showing the expanse of froth and fills in a fashionable train. National Gallery of Art, Washington D.C., p.99

Jean-Antoine Watteau, *Studies of Three Women* (detail), c.1716, J. Paul Getty Museum, Los Angeles, p.51, left

Jeanie and Gordon Hogg, c.1946–47. Hogg family archive, p.171, left

Jeanne Lanvin evening dress, 1941, North Carolina Museum of History, Raleigh. Photo: Eric Blevins, p.160

Lanvin evening dress, 1941 (detail: fabric), North Carolina Museum of History, Raleigh. Photo: Eric Blevins, p.160, right

John Bell, fashion plate (carriage visiting costume), England, 1820, courtesy Los Angeles County Museum of Art online Public Access, p.73, right

John Smith after Jan van der Vaart, Queen Mary, 1690. Courtesy National Gallery of Art, Washington, D.C., p.43, left

Joseph B. Blackburn, Portrait of Mrs. John Pigott, c.1750, courtesy Los Angeles County Museum of Art online Public Access, p.9, left

Lady Curzon's evening dress, 1902–03, Fashion Museum, Bath and North East Somerset Council/Gift of Lady Alexandra Metcalfe and Lady Irene Ravensdale/Bridgeman Images, p.124

Lady Curzon's evening dress, 1902–03 (detail: embellishment), Fashion Museum, Bath and North East Somerset Council/Gift of Lady Alexandra Metcalfe and Lady Irene Ravensdale/ Bridgeman Images, p.124, right

Maiden from a Mirror Stand, bronze, 500–475 B.C., The Walters Art Museum, Baltimore, p.144, left

Mantua, c.1690s, Britain, Metropolitan Museum of Art, New York, p.43

Marketa Lobkowicz burial gown, c.1617, © Regional Museum, Mikulov, Czechoslovakia, p.36

Marketa Lobkowicz burial cloak, c.1617, © Regional Museum, Mikulov, Czechoslovakia, p.36, left

"Munitions factory worker May Goodreid in belted coat, trousers and long boots. Wales, c.1915 16, author's collection," p.117

Muslin dress, c.1800–05 (probably India), courtesy Los Angeles County Museum of Art online Public Access, p.69

Net and silk evening dress, 1918, North Carolina Museum of History, Raleigh. Photo: Eric Blevins, p.144

New Look variant, c.1947–49, author's family archive, p.167, full

Nicolas Bonnart, Recuil des modes de la cour de France—La Sage Femme, c.1678–93, courtesy Los Angeles County Museum of Art online Public Access, p.41

Nicolas Bonnart, Recueil des modes de la cour de France—La Belle Plaideuse, c.1682–86, courtesy Los Angeles County Museum of Art online Public Access, p.42.

Open robe and underskirt, England or France, 1760–70. Collection: Powerhouse Museum, Sydney. Photo: Kate Pollard, p.53

Orange and teal silk print dress, mid to late 1960s, Fashion Archives and Museum, Shippensburg University, Pittsburgh, p.187

"Oxford" wedding shoes, USA, c.1890, courtesy Los Angeles County Museum of Art online Public Access, p.119, right

Pale blue silk mantua gown, c.1710–20. © Victoria and Albert Museum, London, p.51

Peter Lely, Portrait of Louise de Kerouaille, Duchess of Portsmouth, about 1671–74, Oil on canvas, 125.1 × 101.6 cm (49 1/4 × 40 in.) The J. Paul Getty Museum, Los Angeles, p.9, left

Peter Paul Rubens, *Marchesa Brigida Spinola Doria*, 1606, courtesy Samuel H. Kress Collection, National Gallery of Art, Washington D.C., p.36, right

Pierre-Auguste Renoir, *La Promenade*, 1870, J. Paul Getty Museum, Los Angeles, p.95

Plaid silk dress, 1878, England, courtesy Los Angeles County Museum of Art online Public Access, p.105

Portrait, c.1909–12, author's family archive, p.129, left

Portrait, c1945–48, author's collection, p.162, right

Red mini dress, c.1968–70, Swan Guildford Historical Society, Australia. Photo: Aaron Robotham, p.162

Robe à l'anglaise, 1780–90 (detail: bodice front), courtesy Los Angeles County Museum of Art online Public Access, p.59, right

Robe à l'anglaise, 1785–87, French, Metropolitan Museum of Art, New York. Image source: Art Resource, New York, p.57

Robe à la française, c.1765, courtesy Los Angeles County Museum of Art online Public Access, p.47

Robe à la française (detail), 1750–60, courtesy Los Angeles County Museum of Art online Public Access, p.104, right

Robe and petticoat, 1770–80 (detail), courtesy Los Angeles County Museum of Art online Public Access, p.55, right, and detail: trimming, p.130, left

Sack Gown, c.1770–80 (detail), courtesy Los Angeles County Museum of Art online Public Access, p.53, right

Shot taffeta robe à la française, c.1725–45, courtesy Los Angeles County Museum of Art online Public Access, p.52

Shot taffeta robe à la française, c.1725–45 (detail: back bodice view), courtesy Los Angeles County Museum of Art online Public Access, p.52, left

Shot taffeta robe à la française, c.1725–45 (detail: bodice front and stomacher), courtesy Los Angeles County Museum of Art online Public Access, p.52, right, and p.109, top right

Silk and satin reception dress, c. 1877–78, Britain, Charles Frederick Worth/Cincinnati Art Museum, Ohio, USA/Gift of Mrs. Murat Halstead Davidson/Bridgeman Images, p.104

Silk and satin redingote, c.1790, courtesy Los Angeles County Museum of Art online Public Access, p.58

Silk and wool wedding dress, 1882, Australia. Collection: Powerhouse Museum, Sydney. Photo: Penelope Clay, p.107

Silk day dress and cape, c.1830–40. Collection: Powerhouse Museum, Sydney. Photo: Ryan Hernandez, p.77

Silk dress, c.1785–90, courtesy Los Angeles County Museum of Art online Public Access, p.60

Silk dress, c.1785–90 (detail: skirt hem), courtesy Los Angeles County Museum of Art online Public Access, p.60, right

Silk faille robe à la française, England, c.1765–70, courtesy Los Angeles County Museum of Art online Public Access, p.54

Silk faille robe à la française, England, c.1765–70 (fabric detail), courtesy Los Angeles County Museum of Art online Public Access, p.54, left

Silk faille robe à la française, England, c.1765–70 (detail: bodice and stomacher), courtesy Los Angeles County Museum of Art online Public Access, p.54, right

Silk mantua, c.1708, England, Metropolitan Museum of Art, New York. Image source: Art Resource, New York, p.50

Silk robe à l'anglaise with skirt draped à la polonaise, c.1775, courtesy Los Angeles County Museum of Art online Public Access, p.55

Silk robe à l'anglaise with skirt draped à la polonaise, c.1775 (detail: bodice front), courtesy Los Angeles County Museum of Art online Public Access, p.55, left

Silk satin wedding dress, 1834. Collection: Powerhouse Museum, Sydney, p.76

Silk taffeta afternoon dress, c.1876. Collection: Australia, Powerhouse Museum, Sydney. Photo: Sotha Bourn, p.103

Silk taffeta promenade dress, 1870, American, courtesy Los Angeles County Museum of Art online Public Access, p.100

Silk taffeta promenade dress, 1870 (detail: bodice front), American, courtesy Los Angeles County Museum of Art online Public Access, p.100, left

Silk taffeta promenade dress, 1870 (detail: side), American, courtesy Los Angeles County Museum of Art online Public Access, p.100, right

Silk twill evening dress, 1810, M982.20.1, McCord Museum, Montreal, p.70

Silk twill robe à l'anglaise, France, c.1785, courtesy Los Angeles County Museum of Art online Public Access, p.56

Silk twill robe à l'anglaise, France, c.1785 (detail: bodice front), courtesy Los Angeles County Museum of Art online Public Access, p.56, left

Silk twill robe à l'anglaise, France, c.1785 (detail: back skirt construction), courtesy Los Angeles County Museum of Art online Public Access, p.54, right

Silk velvet gown, c.1550–60, Museo di Palazzo Reale, Pisa, p.24

"Silver tissue dress," c.1660, Fashion Museum, Bath and North East Somerset Council/Lent by the Vaughan Family Trust/Bridgeman Images, p.40

"Silver tissue dress," c.1660 (detail: close-up), Fashion Museum, Bath and North East Somerset Council/Lent by the Vaughan Family Trust/Bridgeman Images, p.40, left

Similar light summer dresses in the German countryside, 1903, p.127, left

Spencer jacket and petticoat, 1815, courtesy Los Angeles County Museum of Art online Public Access, p.71

Stomacher detail, robe à la française, c.1745, courtesy Los Angeles County Museum of Art online Public Access, p.52, right, and p.109, top left

Striped silk taffeta wedding dress, c.1869–75, Swan Guildford Historical Society, Australia. Photo: Aaron Robotham, p.91

Striped silk taffeta wedding dress, c.1869–75 (detail: peplum), Swan Guildford Historical Society, Australia. Photo: Aaron Robotham, p.91, top right

Striped silk taffeta wedding dress, c.1869–75 (detail: skirt hem), Swan Guildford Historical Society, Australia. Photo: Aaron Robotham, p.91, bottom right

Studio of Gerard ter Borch the Younger, *The Music Lesson*, c.1670. Courtesy National Gallery of Art, Washington D.C., p.33, full

Suit, c.1918, M2004.163.1.1-2, McCord Museum, Montreal, p.140

Suit by Hardy Amies, 1947, M970.26.54.1-2, McCord Museum, Montreal, p.171

Summer day dress, 1954, Swan Guildford Historical Society, Australia. Photo: Aaron Robotham, p.175

Summer dress, 1830, courtesy Los Angeles County Museum of Art online Public Access, p.75

Summer dress, 1830 (detail: skirt embroidery), courtesy Los Angeles County Museum of Art online Public Access, p.75, right

Summer dress, c.1904–07, Fashion Archives and Museum, Shippensburg University, Pennsylvania, p.127

Summer dress, c.1908, M984.150.34.1-2, McCord Museum, Montreal, p.128

Taffeta day dress, 1823-25, M20555.1-2, McCord Museum, Montreal, p.73

Taffeta day dress, 1825. Collection: Powerhouse Museum, Sydney. Photo: Andrew Frolows, p.74

Taffeta dress, c.1880, France, courtesy Los Angeles County Museum of Art online Public Access, p.106

Taffeta dress, c.1885 (detail: bodice front), France, courtesy Los Angeles County Museum of Art online Public Access, p.109, top left

Tea gown by Mariano Fortuny, c.1920–29, North Carolina Museum of History, Raleigh. Photo: Eric Blevins, p.145

The original owner of the dress and a friend, Perth, Australia, mid 1950s, Swan Guildford Historical Society, Australia, p.176, right

Thomas Gainsborough, Anne, Countess of Chesterfield, c.1777–78, J. Paul Getty Museum, Los Angeles, p.57, left

Three-piece tailored costume, c.1895, courtesy Los Angeles County Museum of Art online Public Access, p.115, full

Trimming (robings) on the overskirt of a robe à l'anglaise, England, c.1770–80, courtesy Los Angeles County Museum of Art online Public Access, p.130

Tsukioka Yoshitoshi (1839–92), *Preparing to Take a Stroll: The Wife of a Nobleman of the Meiji Period*, 1888, Los Angeles County Museum of Art, p.133, left

Two-piece dress, c.1855, courtesy Los Angeles County Museum of Art online Public Access, p.87

Two-piece dress, c.1855 (detail: sleeve), courtesy Los Angeles County Museum of Art online Public Access, p.87, left

Unknown, Portrait of a Woman, daguerreotype, 1851, J. Paul Getty Museum, Los Angeles, p.86, right

Unknown, Portrait of a Young Woman, 1567, Yale Center for British Art, New Haven, Connecticut, p.25

Utagawa Kuniyoshi, *Osatao and Gonta* (detail), Japan, 19th century, courtesy Los Angeles County Museum of Art online Public Access, p.129, right

"Walking dress," 1815, France, from La Belle Assemblée, author's collection, p.71, right

Wedding dress, c.1850-60, Swan Guildford Historical Society, Australia. Photo: Aaron Robotham, p.88

Wedding dress, 1884, M968.4.1.1-2, McCord Museum, Montreal, p.108

Wedding dress c.1890, M21717.1-2, McCord Museum, Montreal, p.119

Wedding dress, 1905, Manning Valley Historical Society, New South Wales, p.125

Wedding dress, 1905 (detail: side), Manning Valley Historical Society, New South Wales, p.125, left

Wedding dress, 1905 (detail: bodice back), Manning Valley Historical Society, New South Wales, p.125, right

Wedding dress, c.1907, M2001.76.1.1-3, McCord Museum, Montreal, p.126

Wedding dress, 1952. Collection: Powerhouse Museum, Sydney. Photo: Nitsa Yioupros, p.173

Wedding photograph, May 1950, author's family archive, p.173, left

Wedding suit, 1961, UK, author's collection, p.15

Wenceslaus Hollar, Full figure of woman wearing ruffled collar and wide-brimmed hat, 1640, Library of Congress, Washington D.C., reproduction number: LC-USZ62-49999, p. 39

William Dobson, *Portrait of a Family*, c.1645, Yale Center for British Art, New Haven, Connecticut, p.31, top

Woman's Cage Crinoline. England, circa 1865, courtesy Los Angeles County Museum of Art online Public Access, p.83, right

Woman's corset, petticoat and sleeve plumpers, c.1830–40, courtesy Los Angeles County Museum of Art online Public Access, p.75, left

Woman "Peplophoros," marble, 1st Century B.C. (Hellenistic), The Walters Art Museum, Baltimore, p.144, right

Woman's Suit, 1912, M976.35.2.1-2, McCord Museum, Montreal, p.132

Woman's suit, wool, c.1898–1900, M977.44.2.1-2, McCord Museum, Montreal, p.131

Woman's three-piece costume, c.1915, M983.130.3.1-3, McCord Museum, Montreal, p.134 and p.135, full

Yellow crepe dress, 1960s–early 1970s, Fashion Archives and Museum, Shippensburg University, Pittsburgh, p.189

索引

博物馆译名对照表

巴尔的摩沃尔特斯艺术博物馆　The Walters Art Museum, Baltimore

巴斯服装博物馆　Museum of Costume, Bath

巴斯时尚博物馆　Fashion Museum, Bath

比萨王宫博物馆　Museo di Palazzo Reale, Pisa

华盛顿国会图书馆　Library of Congress, Washington, D.C.

华盛顿美国国家美术馆　Natonal Gallery of Art, Washington D.C.

捷克米库洛夫地区博物馆　Regional Museum, Mikulov, Czech

康涅狄格州纽黑文耶鲁大学英国艺术中心　Yale Center for British Art, New Haven, Connecticut

伦敦维多利亚和阿尔伯特博物馆　Victoria and Albert Museum, London

罗利北卡罗来纳州历史博物馆　North Carolina Museum of History, Raleigh

洛杉矶保罗·盖蒂博物馆　Paul Getty Museum, Los Angeles

洛杉矶艺术博物馆　Los Angeles County Museum of Art

美国国家档案馆　U.S National Archives

蒙特利尔麦考德博物馆　McCord Museum, Montreal

纽约大都会艺术博物馆　Metropolitan Museum of Art, New York

匹兹堡希彭斯堡大学时尚博物与档案馆　Fashion Archives and Museum, Shippensburg University, Pittsburgh

西澳大利亚州斯万吉德福德历史学会　Swan Guildford Historical Society, Western Australia

悉尼动力博物馆　Powerhouse Museum, Sydney

辛辛那提艺术博物馆　Cincinnati Art Museum

新南威尔士州埃文斯海德生活史学会　Evans Head Living History Society, New South Wales

新南威尔士州格里菲斯先驱公园博物馆　Griffith Pioneer Park Museum, New South Wales

新南威尔士州曼宁谷历史学会　Manning Valley Historical Society, New South Wales